Le guide de voyage Joanne sur les Pyrénées

Une introduction au pyrénéisme et à la géographie pyrénéenne

Elisée Reclus

© 2022 Culturea Editions

contact : infos@ culturea.fr

ISBN : 9782382743058

Dépôt légal : octobre 2022

INTRODUCTION
D' ÉLISÉE RECLUS
1874

I

La partie de la France comprise entre la Méditerranée et l'Océan, bornée au S. par les Pyrénées, au N. par les vallées de la Garonne, du Lhers, du Fresquel et de l'Aude, constitue un domaine géographique parfaitement limité de toutes parts : on peut lui donner le nom de région pyrénéenne, car c'est à la chaîne de montagnes qui prolonge sa crête dentelée d'une mer à l'autre mer que les collines et les plaines situées à sa base doivent la nature de leur sol, leur climat, leur faune, leur flore et le groupement des peuples qui les habitent. Sans cette haute barrière placée entre les Gaules et la péninsule Ibérique, le cours de l'histoire eût à jamais été changé.

Nombreuses sont les hypothèses émises par les étymologistes pour expliquer l'origine du mot Pyrénées. La plus probable nous parait celle qui fait dériver ce nom du mot gaélique *ber*, *per* ou *pir* (*birennou* au pluriel), signifiant pointe, hauteur, sommet : dans les vallées de l'Ariège, on appelle encore *biren* ou *piren* tous les pâturages élevés. Le système des Pyrénées s'étend depuis le cap Creus, sur les bords de la Méditerranée, jusqu'au cap Finisterre, ou plus exactement jusqu'au cap Tori ñ ana, sur l'océan Atlantique, à l'extrémité N. O. de l'Espagne. Décrivant un arc légèrement infléchi vers le N., il court de l'E. S. E. à l'O. N. O., sur une longueur de 1 018 kilomètres à vol d'oiseau, depuis 1° 1' de longitude E. jusqu'à 11° 51' de longitude O. de Paris ; mais en tenant compte de son inflexion vers le N. et de ses nombreux détours, la longueur totale de la chaîne dépasse 1 480 kilomètres. Le système atteint sa plus grande largeur à son extrémité occidentale, où il s'épanouit pour former un large plateau de 300 kilomètres de diamètre ; vers le milieu de son développement, entre la Vieille-Castille et les côtes de la Biscaye, il n'a plus que 50 et 60 kilomètres de largeur ; entre l'Espagne et la France, sa largeur moyenne est de 100 kilomètres. Il est compris entre 41° 23' et 43° 47' de latitude boréale, et la superficie totale qu'il recouvre s'élève à plus de 120 000 kilomètres carrés.

D'ailleurs, le manque de bonnes cartes et des renseignements géologiques nécessaires ne permet pas encore d'indiquer avec précision quelles sont, du côté de l'Espagne, les vraies limites du système pyrénéen. En maints endroits du versant français, il est aussi fort difficile de signaler les derniers contreforts de la chaîne proprement dite, car entre la plaine et les montagnes s'élèvent de degré en degré des plateaux et des rangées de collines qui rendent les transitions insensibles. Cependant, sur beaucoup de points, les Pyrénées se présentent en façade pour ainsi dire, et l'on peut reconnaître exactement la limite entre la région des collines et celle des monts. Ainsi, dans les Basses-Pyrénées, les murailles de la chaîne se dressent comme un rempart d'une parfaite régularité et d'une hauteur moyenne de 1200 à 1300 mètres, immédiatement au S. de Saint-Christau, entre la vallée d'Aspe et la vallée d'Ossau. Plus à l'O., la base des Pyrénées est nettement limitée par les petites collines arrondies de Bruges et d'Asson, puis par le cours du gave entre Lestelle et Lourdes. À l'E. de Bagnères, le plateau de Capvern, couvert de débris, apportés par les glaciers et les anciennes inondations, forme le piédestal au S. duquel se dressent les monts pyrénéens. Au-delà, le lit de la Neste, puis ceux de la Garonne et du Salat se développent à la base des massifs les plus avancés. Enfin, entre le bassin du Salat et celui de l'Ariège, c'est une arête calcaire, droite comme un mur, et d'une hauteur moyenne de 600 à 700 mètres, qui sépare la région des coteaux de celui des montagnes.

Le simple examen du relief orographique suffit pour montrer que la chaîne se divise en deux parties bien distinctes : celle de l'O., qu'on appelle Pyrénées Cantabres ou Asturiques, et celle de l'E., formant le système plus spécialement connu sous le nom de Pyrénées. Une large et profonde dépression, qui se changerait en détroit si la mer s'élevait de 600 à 800 mètres, sépare les deux parties du système. C'est par cette dépression, véritable seuil de l'Espagne, que passe le chemin de fer de Madrid à Bayonne.

La chaîne des Pyrénées proprement dites, qui sert de frontière à la France et à l'Espagne, a une longueur de 430 kilomètres en ligne droite, ou de 670 kilomètres, en comptant toutes les inflexions de la crête. Sa plus grande largeur, entre Foix et Solsona, est de 120 kilomètres ; entre Saint-Jean-Pied-de-Port et Pampelune, elle n'a que 60 kilomètres de largeur, et 20 seulement à son extrémité orientale, entre le Boulou et le pont de Molins. Sa superficie est d'environ 35 000 kilomètres carrés. Elle forme un tout parfaitement distinct, et ne se rattache point aux Alpes par les Cévennes, comme plusieurs auteurs et Charpentier lui-même l'ont répété. Au N., elle est limitée par la grande dépression où passe le canal du Midi ; le seuil entre les deux versants, situé au bassin de Naurouse, n'atteint pas une hauteur de plus de 189 mètres au-dessus du niveau de la mer.

Peu de chaînes de montagnes offrent une disposition aussi régulière que les Pyrénées. De même qu'une branche d'arbre, ou, mieux encore, une feuille de fougère se divise et se subdivise à droite et à gauche en petits rameaux, en feuilles et en folioles, de même aussi chaque *nœud* de la crête donne naissance, de côté et d'autre, à une chaîne transversale en tout semblable à la chaîne mère, si ce n'est qu'elle est beaucoup plus courte et s'affaisse par chutes successives jusqu'au niveau des plaines avoisinantes. Les arêtes transversales sont parallèles entre elles et séparées les unes des autres par de profondes vallées où descendent les glaciers, où mugissent les torrents, où circulent les sentiers. Les vallées correspondent d'un côté à l'autre de la grande chaîne et communiquent ensemble par un *col*, *port* ou *passage*, c'est-à-dire par la dépression formée entre deux cimes. Comme la crête principale, chaque chaînon transversal se compose également d'une succession de cimes séparées l'une de l'autre par autant de cols dont la hauteur diminue en proportion ; chaque cime donne naissance à deux contreforts latéraux qui ne sont autre chose qu'un rudiment de chaîne tertiaire parallèle à la grande chaîne, et les cols secondaires servent à faire communiquer de courts vallons déversant leurs eaux au torrent de la vallée principale. Cette régularité remarquable des Pyrénées pourrait faire admettre qu'elles ne formaient autrefois qu'un énorme bourrelet de soulèvement dressé comme un rempart d'une mer à l'autre, et qu'elles doivent leurs cols, leurs gorges et leurs vallées au travail incessant des eaux qui en découlent. S'il en est ainsi, la vraie pente de la chaîne est indiquée par l'inclinaison des chaînons transversaux, depuis le point le plus élevé de la crête jusqu'au niveau des plaines qui s'élèvent à leur pied. Sur le versant français, cette déclivité varie : vers Saint-Jean-Pied-de-Port, elle est seulement de 2 mètres par 100 mètres de distance ; à l'E., elle devient plus forte ; à la longitude d'Oloron, elle est de 5 mètres et demi ; dans les Hautes-Pyrénées, la Haute-Garonne et l'Ariège, elle oscille entre 5 mètres et 7 mètres et demi sur 100. Au S. de Carcassonne, elle est de 4 mètres. Sur le versant espagnol, la déclivité est, en général, beaucoup moins forte. Ce qui rend les Pyrénées souvent difficiles à gravir, ce n'est donc pas la pente réelle du système entier : ce sont les précipices qui en coupent les versants ; ce sont les roches éboulées, les torrents, les champs de neige. La plus forte rampe qu'on trouve dans les Pyrénées françaises est celle que présente le versant septentrional du petit chaînon des Albères ; elle est de 10 mètres sur 100 m.

Malgré leur régularité générale, les Pyrénées s'écartent en plusieurs points du type idéal d'une chaîne de montagnes. Une première anomalie s'observe vers le centre du système, à égale distance des deux mers. Là, on s'aperçoit que la chaîne n'est pas simple, comme on pourrait le croire au premier abord, mais qu'elle est en réalité formée de deux chaînes distinctes, dont l'une, venant de Vittoria, se dirige à l'E. par les monts basques, le pic d'Anie, le pic du Midi de Pau, le Balaïtous, le Vignemale, les groupes de Marboré et de Troumouse, le Plan, Clarabide, le Tuc de Maupas, Crabioules, Sauvegarde, la Picade, etc., jusqu'aux ports de Caldas et de Bonaïgue, tandis que l'autre, moins régulière et coupée en trois parties par les deux profondes échancrures du col de la Perche et du col de Puymorens, commence au cap Creus, sous le nom de chaîne des Albères, croise au massif de Costabona l'arête transversale plus importante de la montagne espagnole de Cadiz et du Canigou français, et se développe vers l'O. en formant les groupes d'Andorre, du Montcalm, du Mont-Vallier, puis court parallèlement à la chaîne venue de l'Atlantique, et, après avoir redressé sa crête par le Tuc de Mauberme, la Tour de Crabère et le Tentenade, se termine au Pont-du-Roi, sur la rive droite de la Garonne, à 25 kilomètres à vol d'oiseau au N. de la Picade. On pourrait comparer les Pyrénées à une chaîne normale qui aurait été divisée en deux par une gigantesque faille, et dont les moitiés, restées fixes par leurs extrémités maritimes, auraient tourné légèrement en sens inverse autour de ces extrémités, comme sur des pivots.

Un chaînon latéral ou plutôt une croupe transversale, s'appuyant à angle droit sur la chaîne du N., va se souder à la chaîne du S., au col de Pallas ; un autre chaînon, projeté également à angle droit par la chaîne méridionale au pic de la Picade, et comprenant l'Entécade, Bacanère, le Pales de Burat, ne reste séparé du Tentenade que par l'étroit défilé où coule la Garonne. Ainsi les extrémités libres des deux chaînes et les deux chaînons qui les rejoignent limitent de toutes parts une vallée profonde, véritable remous terrestre, autour duquel les montagnes se dressent comme d'énormes vagues. C'est le pays d'Aran, centre des Pyrénées. Bien que ses eaux s'écoulent par la Garonne dans les plaines de la France, il n'appartient orographiquement à aucun des deux bassins. À meilleur titre que le pays d'Andorre, Aran aurait pu rester une république neutre entre les deux États limitrophes, la France et l'Espagne.

Une seconde anomalie consiste en ce que les plus hauts sommets ne sont pas situés sur la crête elle-même. Ainsi, le Mont-Perdu, le pic Posets et la Maladetta s'élèvent au S. de la chaîne des Pyrénées Atlantiques : la première de ces montagnes se rattache à l'axe central par une très haute crête ; mais le pic Posets et la Maladetta, géants qui se dressent en face l'un de l'autre, de chaque côté de la vallée de l'Essera, forment deux groupes presque complètement isolés : au N. seulement un col neigeux les relie au système principal. Il en est de même pour la chaîne des Pyrénées méditerranéennes ; le Canigou n'est pas non plus situé sur l'axe, mais il est à remarquer qu'au lieu de se trouver au S. de la chaîne, comme le Mont-Perdu, le Posets et la Maladetta, il s'élève au N. ; on dirait qu'une certaine polarité a présidé à la formation des deux chaînes, et au soulèvement des pics sur chaque versant.

La hauteur moyenne de la chaîne centrale, de Bayonne à Port-Vendres, est évaluée, par M. Élie de Beaumont, à 1 500 mètres environ ; leur masse, étendue uniformément sur tout le territoire français, en élèverait le niveau de 35 mètres. À son extrémité occidentale, la chaîne des Pyrénées proprement dites est assez basse et s'allonge en collines arrondies, hautes de 800 à 1 000 mètres ; graduellement elle exhausse ses pics en s'avançant vers l'E., mais elle n'a le caractère d'une chaîne alpestre qu'au pic d'Orhy, ou plutôt au pic d'Anie (2 504 mètres, situé en droite ligne à 100 kilomètres de la mer ; ce pic lui-même n'atteint pas la limite des neiges persistantes, et le premier sommet qui s'élève à cette hauteur, le pic du Midi d'Ossau, ne se trouve qu'à 30 kilomètres plus à l'E., à 130 kilomètres de l'Atlantique. C'est là que la chaîne prend son véritable caractère : jusqu'aux montagnes d'Andorre et du massif de Carlitte, elle se maintient à 2 600 mètres de hauteur moyenne, et plusieurs de ses pics ont plus de 3 000 mètres. Au delà du col de la Perche, elle s'abaisse graduellement, et, après avoir traversé l'arête qui se termine au N. par la masse du Canigou (2 785 mètres), au S. par les monts, presque aussi élevés, de Cadiz et d'Urgel, elle se prolonge à l'E. par l'âpre chaînon des Albères, haut de 600 mètres en moyenne, et au S.E. par le massif pittoresque de la Sierra de Rosas, aboutissant au cap Creus. À 30 kilomètres seulement à l'E. du Canigou, s'étendent les plaines de Perpignan. conquises sur la mer par les alluvions du Tech et de la Têt ; à 20 kilomètres plus loin, se prolongent du N. au S. les côtes sablonneuses de la Méditerranée. Ainsi, le Canigou est deux fois et demie plus rapproché de la Méditerranée que le pic du Midi d'Ossau ne l'est de l'Atlantique. D'autant plus superbe qu'il domine presque immédiatement les plaines de la mer, il semble plus élevé qu'il ne l'est en réalité, et longtemps on l'a pris pour le plus haut sommet des Pyrénées. La forte inclinaison ou la chute de la crête à son extrémité orientale se continue jusque sous les flots. À 80 kilomètres seulement à l'E. du cap Creus, on ne trouve déjà plus le fond à 1 000 mètres de profondeur.

La formation des Pyrénées est beaucoup plus normale et plus récente du côté de la France que du côté de l'Espagne. Du haut des cols et des sommets de la crête, on voit, dans la direction du N., les vallées s'abaisser vers les plaines par une pente graduelle, tandis qu'au S. les groupes de montagnes paraissent comme semés au hasard sur tout le pourtour de l'horizon. En certains endroits, les vallées espagnoles, ouvertes immédiatement à la base de la chaîne centrale, apparaissent creusées comme d'énormes abîmes ; au pied du Mont-Perdu, par exemple, il faut descendre jusqu'à une profondeur de 1000 à 2000 mètres le long des précipices, avant d'atteindre, au fond d'une gorge, la ferme ou la bourgade qu'on a vue d'en haut ; mais, en général, le versant espagnol est beaucoup moins escarpé que le versant français, et les vallées principales descendent par une pente relativement insensible vers les plaines de l'Èbre. L'Espagne tout entière est un vaste plateau élevé de plusieurs centaines de mètres au-dessus du niveau de la mer. En divers points de la chaîne, ce plateau vient s'appuyer immédiatement sur la crête : c'est ainsi que les Albères, montagnes très abruptes du côté de la France, semblent, vues de l'Espagne, une chaîne de collines insignifiantes. Il est probable que la différence de niveau entre les deux versants doit être attribuée à la disproportion des quantités d'eau et de neige qui s'y précipitent. Tandis que les pentes septentrionales des Pyrénées sont abondamment arrosées, et par suite donnent naissance à un grand nombre de cours d'eau qui ravinent les flancs des montagnes et creusent des gorges profondes, les pentes espagnoles n'offrent que de maigres ruisselets, sans eau pendant la plus grande partie de l'année.

Sur le versant français des Pyrénées, à une petite distance au N. de l'axe de la chaîne, et à 60 ou 80 kilomètres du massif central du pays d'Aran, se trouvent deux massifs considérables de montagnes : à l'O., celui de Néouvielle à 1'E., celui de Carlitte. Les cimes qui les couronnent sont d'une hauteur à peu près uniforme et renferment un grand nombre de vallées étroites où l'eau des neiges s'accumule en étangs : ce sont les deux régions lacustres par excellence des Pyrénées françaises. Des étangs, des *laquets* et des *gourys*, variant tous les ans de forme et de grandeur, selon l'épaisseur des glaciers et la durée de la fonte des neiges, remplissent les cirques pierreux de ces deux massifs, et du haut des cimes qui les dominent, on peut quelquefois en compter d'un regard une vingtaine, étagés à différentes hauteurs. C'est du massif d'Aran et de ces deux régions lacustres que rayonnent dans tous les sens les cours d'eau les plus importants du versant français. D'Aran, placé au centre, sort la Garonne, le fleuve le plus considérable des Pyrénées ; à l'O., l'Adour, la Neste et les principaux affluents du gave de Pau descendent du massif de Néouvielle et de ses contreforts ; à l'E., les monts de Carlitte donnent naissance à la Têt, à l'Aude, à l'Ariège, et, du côté du S., à la Sègre, affluent de l' È bre. Les autres cours d'eau, tels que le Tech et la Bidassoa, qui prennent leur source loin de l'un de ces trois massifs, à l'une des extrémités de la chaîne, sont d'une importance tout à fait secondaire. Il est à désirer que les vastes réservoirs d'eau qui se trouvent dans ces groupes de montagnes soient bientôt utilisés : grâce à eux, il serait facile de régler définitivement le débit des rivières dans les vallées inférieures et de prévenir désormais les inondations, en emmagasinant le trop-plein des eaux à l'époque de la fonte des neiges, pour les rendre ensuite aux campagnes altérées pendant la saison des chaleurs. Par une coïncidence heureuse, c'est précisément au-dessus des plaines torrides du Roussillon que se trouvent les étangs et les marais les plus considérables des Pyrénées : Lanoux, Pédrous, Carlitte, Pradeilles, la Bouillouse.

Dans les Pyrénées, la limite des neiges persistantes est en moyenne de 2 730 ou 2 800 mètres au-dessus du niveau de la mer, mais seulement sur les pentes septentrionales, car sur le versant espagnol on ne trouve déjà plus de neige au milieu d'août, si ce n'est dans les cavités où le soleil ne pénètre guère, ou qui sont abritées des vents du S. par quelques montagnes. Il faut remarquer aussi que, sur le versant septentrional, la limite des neiges va en s'élevant de l'O. à l'E., du pic d'Anie au Canigou, à cause de la plus haute température du bassin de la Méditerranée, comparée à celle de l'Atlantique. Tous les étages superposés de végétaux se redressent en même temps que la limite des neiges persistantes, à mesure qu'on s'avance vers l'E., et les plantes qui ne croissent même pas dans les Basses-Pyrénées, comme l'olivier, se montrent jusqu'à 420 mètres de hauteur sur les flancs du Canigou.

Les zones de végétation ne s'étagent pas avec une régularité parfaite sur les montagnes ; mais il y a pénétration réciproque, pour ainsi dire, entre les zones, selon l'exposition, la direction générale des vents, la nature du sol et tous les phénomènes météorologiques. Ainsi, le rhododendron croît près du hêtre aussi bien que dans la zone du sapin, du bouleau et du genévrier ; seulement chaque plante ne peut descendre ni s'élever au-delà de certaines limites. Sur le Canigou, dont M. Aimé Massot a étudié les zones végétales avec le plus grand soin, la vigne ne dépasse pas 550 mètres, le châtaignier atteint 800, le seigle 1640, le sapin 1950, le bouleau 2000, le rhododendron 2540, tandis que le genévrier, plus hardi, monte jusqu'au sommet, à 2 785 mètres de hauteur. Là les plantes du Spitzberg et du Mont-Blanc dorment ensevelies pendant neuf mois sous la neige, et croissent, fleurissent et fructifient en trois mois. Sur les pentes de cette montagne, la température s'abaisse en moyenne d'un degré centigrade pour 180 mètres de hauteur verticale.

Les Pyrénées étaient autrefois magnifiquement boisées d'une extrémité à l'autre ; mais pendant le cours des deux cents années qui viennent de s'écouler, l'étendue des forêts a constamment diminué ; en certains endroits les montagnes sont complètement nues, et plusieurs noms appliqués à ces montagnes rappellent l'œuvre de dévastation. De nos jours on s'occupe du reboisement des Pyrénées, mais sur une échelle relativement insignifiante. Les plus belles forêts sont celles de Ronceveaux, d'Iraty, de Barétous (hêtres), de Gabas, de Bélesta (sapins), des Angles, de Montlouis (pins), etc.

Le nombre des animaux sauvages des Pyrénées a diminué en même temps que l'étendue des forêts, et plusieurs espèces, entre autres le cerf et le lynx, ont complètement disparu ; les bouquetins sont relégués vers les sommets du Nethou, du Malibierne, du pic Posets et du Mont-Perdu ; les ours deviennent de plus eu plus rares ; les loups sont encore assez nombreux, et les isards se comptent par milliers, principalement sur le versant espagnol. On en voit des troupeaux composés de vingt ou trente individus.

—

II

Dans leur ensemble, les Pyrénées offrent des formes beaucoup moins variées que les Alpes. Elles bornent l'horizon de leur muraille uniforme, hérissée de pointes comme une longue scie (*sierra*), et, vus de la plaine, les contreforts sur lesquels elles s'appuient apparaissent à peine. Quoique, d'après de Humboldt et Ritter, la hauteur moyenne de la crête centrale des Pyrénées dépasse celle des Alpes d'environ 100 mètres, et que les plaines de la France soient plus basses que celles de la Suisse, cependant cette plus grande élévation relative fait moins d'effet, à cause de la disposition régulière des pics et de la ressemblance de leurs formes. C'est à peine si quelques sommets des Pyrénées dépassent de 600 à 800 mètres la hauteur moyenne de 2 450 mètres, tandis que, dans les Alpes, beaucoup de montagnes s'élèvent à 2000 et 2500 mètres au-dessus de la hauteur moyenne de 2 350 mètres, et le Mont-Blanc dresse son sommet jusqu'à plus de 4 800 mètres En même temps les cols des montagnes alpines sont beaucoup plus profondément entaillés, et s'ouvrent comme d'immenses coupures dans la masse de la chaîne. Dans les Pyrénées, les cols sont souvent de simples dépressions des plateaux onduleux du sommet, ou bien des couloirs (*canaous*), sombres ravines creusées dans le roc par le travail séculaire des agents atmosphériques. Les grands pics de la Suisse sont isolés : gigantesques pyramides, dont la base seulement est engagée dans le massif, ils se dressent dans leur superbe et fière majesté, hérissant leurs crêtes de pitons, d'aiguilles et de dents, tandis que les monts des Pyrénées sont presque partout des cônes étroits posés sur le bourrelet de soulèvement. Des montagnes d'une grande importance géologique, comme le Néouvielle et les monts d'Oo et de Clarabide, se distinguent à peine par leur relief des hauteurs qui les environnent. Les pics qui se dégagent nettement du reste de la chaîne, comme le Canigou, le Mont-Vallier, le pic du Midi de Pau, le Posets, la Maladetta, sont peu nombreux.

Le rayonnement des chaînes des Alpes autour du Saint-Gothard, et la courbure de leur axe aux nœuds du grand Saint-Bernard et du Mont-Blanc, introduisent une grande diversité dans l'aspect des montagnes de la Suisse. Dans la vallée du Rhône ou dans celle du Tessin on voit, au N. comme au S., se dresser les géants couverts de neige, et de tous les côtés l'horizon est borné par les glaciers et les aiguilles : on est décidément entré dans le cœur des monts ; la plaine a complètement disparu ; rien ne la rappelle plus au souvenir. Dans les Pyrénées, au contraire, l'uniformité de la chaîne et son peu de largeur ne permettent pas de perdre complètement de vue les campagnes étendues à la base ; si étroite et fermée que soit la gorge dans laquelle on pénètre, on n'a qu'à descendre le cours du torrent pendant quelques heures, ou bien qu'à monter sur la cime de la première montagne, pour apercevoir l'immense plaine s'étendre au loin et se perdre à l'horizon dans les vapeurs bleuâtres.

Ainsi, peu de vallées longitudinales dans les Pyrénées, peu de ces longs bassins, se relevant à droite et à gauche vers les bases de deux montagnes, et projetant dans toutes les gorges et jusqu'aux moraines des glaciers leurs longs bras de verdure. On n'y voit guère que des vallées transversales fortement inclinées vers la plaine, parcourues par des torrents qui descendent en écume, poussant des alluvions de rochers devant eux ; les quelques gorges ouvertes dans le sens de la longueur, comme celles de Barèges et d'Aragnouet, sont d'une médiocre étendue et situées à une grande altitude, dans les régions âpres et désolées.

Par suite du manque de vallées longitudinales, les lacs, cette beauté des Alpes, manquent aux Pyrénées. La pente des versants a partout procuré, un écoulement facile à la fonte des neiges, et c'est à peine si quelques petits bassins d'eau de glace, décorés du nom de lacs, simples cavités suspendues aux flancs des montagnes, se trouvent çà et là. Autrefois, il existait des lacs assez considérables, tels que celui de Rivière, au S.O. de Saint-Gaudens, et celui de la vallée de Loures ; mais les digues de rochers qui les retenaient ont été rongées et emportées par les eaux, leurs lits ont été graduellement comblés par des alluvions, et, depuis de longs siècles, ces anciens lacs sont transformés en campagnes. Dans la Suisse, le rayonnement et le croisement des chaînes, ainsi que la formation de la sextuple chaîne du Jura à l'O. des Alpes, ont fait de la formation des grands lacs une conséquence nécessaire du relief orographique. L'étang de Gaube, entouré de quelques sapins, ou l'étang de Lanoux, dominé par des rochers croulants, ou l'étang de Gregonio, encore inconnu il y a quelques années, ou bien encore le lac de l' Î le, découvert par M. Packe sur les flancs du Montarto, pourraient-ils être comparés au beau lac de Genève, dont les bords, parsemés de villes et de villages, se relèvent d'un côté par des croupes si molles et si charmantes, de l'autre par des profils de montagnes si hardis et si majestueux ?

Les Pyrénées ne possèdent pas non plus de glaciers comparables à ceux des Alpes pour la longueur ou la quantité de glace. Dans les montagnes alpines, du mont Viso au Gross-Glockner, M. Hermann Schlagintweit compte de 1000 à 1100 glaciers, couvrant une superficie de terrain égale aux 7/100 de toute la surface. Dans les Pyrénées, la superficie des glaciers n'a pas encore été comparée à celle de la chaîne ; mais elle ne s'élève certainement pas au centième, peut-être pas au millième de la surface totale. Dans les Alpes, 35 glaciers descendent dans les vallées des montagnes jusqu'au-dessous de 2000 mètres d'altitude ; l'extrémité inférieure de la Mer de glace n'est qu'à 1 150 mètres au-dessus de la mer ; et l'un des glaciers de Grindelwald descendait récemment à 983 mètres à peine. Ce contraste qu'on voit dans les Alpes, entre la fertilité de la vallée, la verdure des prairies, celle des champs cultivés, des arbres fruitiers, et l'âpre muraille de glace, ne se trouve pas non plus dans les Pyrénées, pas même dans la charmante vallée du Lis, près de Bagnères-de-Luchon. Au pied d'un glacier des Alpes, on a pu quelquefois monter sur un bloc de glace détaché, pour atteindre la branche chargée de fruits d'un cerisier, tandis que, sur le Crabioules ou la Maladetta, on a déjà, depuis longtemps, dépassé sur les pentes les derniers sapins rabougris, et comme brûlés par le froid, avant d'arriver à la limite inférieure du champ de glace. Le glacier qui descend actuellement le plus bas dans les Pyrénées est le glacier occidental du Vignemale, dont la moraine la plus avancée se trouvait en 1851 à 2 197 mèt, d'altitude. Les champs de glace qui offrent la plus vaste étendue sont ceux qui recouvrent les cimes de la chaîne principale au S. de Bagnères-de-Luchon : des Gours-Blancs à la Tusse de Maupas, on peut, sans quitter les hauts sommets, parcourir un espace de 12 kilomètres de largeur. Dans les temps géologiques anciens, durant les périodes dites glaciaires, les fleuves de glace pyrénéens descendaient jusque dans la plaine, et la base de tous les monts était défendue par de vastes moraines dressées en remparts. Par l'étude attentive des blocs erratiques, des dépôts glaciaires, des anciennes moraines, des roches moutonnées, polies et striées, MM. Collomb et Charles Martins ont pu retrouver les dimensions du plus grand de ces glaciers, dont ceux du Balaïtous, du Vignemale, de Gavarnie, du Pic-Long, de Néouvielle, aujourd'hui fondus jusque dans le voisinage des sommets, étaient les puissants tributaires. La masse glacée, profonde en certains endroits de plus de 800 mètres, et même de 924 mètres, au-dessus de l'endroit où coule aujourd'hui le gave de Saint-Sauveur, s'échappait de la gorge du Lavedan par l'issue où Lourdes est assise, et débordait au loin dans les plaines jusqu'à Peyrouse, Loubajac et Adé, à 15 kilomètres S. de Tarbes, et à 400 mètres, environ au-dessus du niveau de la mer. Des crêtes du Marboré aux dernières moraines terminales d'Adé, la longueur totale de l'énorme glacier était de 53 kilomètres, et la pente de 4 millimètres environ par mètre. La superficie totale du champ de glace dépassait 140 000 hectares. Dans la haute vallée de l'Ariège, dit M. Garrigou, un glacier presque aussi considérable s'épanchait dans la plaine, puis, à l'époque où l'homme occupait les grottes de Lherm et d'autres cavernes des environs, les glaces fondirent en partie pour envahir de nouveau le lit de la vallée et en chasser les habitants devant lui.

Le peu d'importance des glaciers actuels dans la chaîne pyrénéenne provient en partie de la forme même du relief des montagnes. Tout le système des Alpes est largement entaillé par de profondes dépressions descendant jusqu'à la base même de chaque pic ; par suite, les neiges, accumulées en grande abondance sur les sommets, peuvent, en obéissant à leur propre poids, glisser plus bas jusqu'au débouché des gorges dans les vallées, et, plus elles descendent, plus aussi elles sont soumises aux alternatives de température annuelles et journalières, à la chaleur du jour qui fond les légères couches superficielles et les fait pénétrer dans la masse, au froid de la nuit qui les congèle de nouveau et les transforme graduellement, par un long travail de fusions et de congélations successives, en un glacier bleu, transparent et limpide. Dans les Pyrénées, au contraire, les neiges tombées sur la crête ont bien vite rempli les dépressions du sommet ; ne trouvant pas, comme les neiges des Alpes, d'immenses lits destinés à les recevoir, elles ne peuvent former que des glaciers de sommets, et, toujours soumises à un froid uniforme, restent à peu près dans leur état primitif. En outre, les sommets des Pyrénées étant moins élevés que ceux des Alpes, ne reçoivent qu'une moins grande quantité de neiges, et, la limite inférieure de la congélation persistante étant dans la chaîne française de 2 800 mètres, il en résulte que le réservoir de neiges n'est jamais suffisant pour alimenter de vastes glaciers.

Les Pyrénées, inférieures aux Alpes par leur manque de lacs et de glaciers, ne le sont pas moins sous le rapport purement géographique. Les Alpes sont le massif central de l'Europe, le relief autour duquel se sont groupés tous les plateaux et toutes les plaines de l'Europe : au N., les régions montagneuses de la Bavière, les vastes étendues basses de l'Allemagne jusqu'à la dépression de la Baltique ; à l'E., la grande enceinte circulaire de la Hongrie et la chaîne des Balkhans ; au S., le magnifique bassin de la Lombardie et la longue péninsule des Apennins. Comme des rayons partant d'un centre vers tous les points de la circonférence, de grands fleuves en découlent vers les quatre points cardinaux : au N., le Rhin, que Ritter appelle le « fleuve héroïque » par excellence ; à l'E., l'Inn, le bras le plus important du Danube, puis la Save et la Drave ; au S., l'Adige et le Pô ; à l'O., le Rhône. Trois mers, situées aux trois extrémités de l'Europe, l'Atlantique, la mer Noire, la Méditerranée, reçoivent l'eau de ses glaciers. Environ un quart de l'eau qui tombe en Europe s'accumule dans les réservoirs des Alpes. Les Pyrénées, plus modestes, n'en recueillent que les trois centièmes environ, et n'alimentent que trois fleuves de quelque importance : au S., l'Èbre actuellement rendu navigable dans sa partie inférieure par un système d'écluses ; au N., l'Adour, grossi des gaves, et la Garonne, bordée d'un canal latéral dans tout son cours supérieur et moyen, vraiment navigable seulement dans sa partie inférieure, qui se termine par un estuaire d'eau salée. Sous tous les rapports, il est donc certain que les Pyrénées sont, en comparaison des Alpes, une chaîne d'importance secondaire ; le fier Castillan qui, par orgueil national, avait fait une carte d'Europe représentant une femme dont l'Espagne était la tête, n'avait pu faire des Pyrénées que le collier de la souveraine, tandis que les Alpes en étaient la ceinture.

Mais les Pyrénées ont aussi des beautés qui leur sont propres. Baignant la base de ses rochers, d'un côté, dans les flots verdâtres de l'Atlantique, de l'autre, dans la nappe bleue de la Méditerranée, la chaîne offre, à ses deux extrémités, le plus saisissant. contraste. Le voyageur qui la parcourt dans toute sa longueur, de Bayonne à Port-Vendres, pourrait croire qu'il a changé de continent, bien qu'il se soit avancé de 100 lieues à peine et qu'il soit presque constamment resté sous le même degré de latitude. À l'O., dans le pays basque, ce sont des collines mollement ondulées, couvertes de forêts de hêtres, gracieux paysages qui rappellent les sites allemands du Harz et du Thuringerwald ; à l'E., la nature est tout africaine : ce sont des rochers blanchâtres ou calcinés, des bois de chênes-lièges poudreux, des oliviers au feuillage pâle, des vignes, des haies d'aloès, des plages de sable bordées de tamaris. Sous le climat méditerranéen, la lumière est plus éclatante que dans l'Europe centrale, et le contraste des pics ensoleillés et des vallées ombreuses y est beaucoup plus pittoresque. Enfin, le principal massif des Hautes-Pyrénées présente des spectacles aussi grandioses que ceux des Alpes. C'est dans cette partie calcaire de la chaîne que sont creusés ces cirques immenses, Troumouse, Bielsa, Gavarnie, environnés de gradins où pourraient siéger des nations entières ; c'est là que les montagnes se dressent en tours, en murailles, en escaliers, comme si, d'après l'expression de Ramond, un peuple de géants eût appliqué l'équerre et le niveau à la superposition de leurs assises. D'ordinaire, la nature nous semble d'autant plus belle que nous sentons davantage notre infériorité en sa présence ; or, l'homme ne peut que se sentir d'une petitesse infinie dans ces cirques vastes et déserts, où croissent à peine quelques herbes, où les rares bestiaux semblent perdus dans l'étendue des pâturages, où la seule voix est celle des avalanches et des cascades, où les seuls spectateurs sont les pics neigeux se dressant au-dessus des gradins verdoyants !

III

Si les Pyrénées peuvent être considérées comme le type d'une chaîne normale, les plaines et les plateaux qui s'étendent à leur base sont aussi distribués d'une manière régulière et pour ainsi dire harmonique. Au premier regard jeté sur la carte, on ne peut qu'être frappé du remarquable parallélisme des deux vallées de l'Èbre et de la Garonne, également inclinées relativement à l'axe de la chaîne, mais offrant en même temps un singulier contraste, puisque les fleuves qui les arrosent coulent en sens inverse, la Garonne au N. O. vers l'Océan, l'Èbre au S. E. vers la Méditerranée. Ces deux fleuves et les dépressions qui continuent leurs bassins indiquent d'une manière précise les limites des régions pyrénéennes. Toutes les contrées intermédiaires situées entre ces cours d'eau et la crête de la chaîne ne peuvent être étudiées isolément ; leurs contours géographiques, le relief de leur sol, la nature géologique de leurs assises ne sont que de simples détails dans l'histoire générale du système des Pyrénées.

Les chaînons latéraux que projette la crête principale sur le territoire espagnol sont, en général, assez régulièrement disposés, et les vallées qui les

séparent donnent passage à des torrents coulant parallèlement dans la direction du N. au S. ; cependant, en plusieurs endroits, ces chaînons se reploient vers divers points de l'horizon et se rattachent à des groupes de montagnes presque isolés qui s'élèvent à une hauteur considérable. Ce croisement des chaînons au S. des Pyrénées avait autrefois causé la formation de vastes lacs, maintenant remplis par des atterrissements : c'est ainsi que les vallées de la Cinca, de la Sègre, et surtout celle de l' È bre, n'étaient jadis qu'une succession de lacs étagés de bassin en bassin. Parmi les chaînons qui se rattachent obliquement à l'axe des Pyrénées, on doit citer principalement celui de Cadiz, prolongement espagnol de l'arête que domine, du côté de la France, la cime du Canigou. Plus important par l'élévation de sa crête que la chaîne principale, qu'il croise sous un angle très aigu, ce chaînon transversal dresse sa haute muraille au S. des vallées de la Têt et de la Sègre, et forme au point de croisement les montagnes superbes de Costabona, du Géant, du Puigmal. Sur une longueur de 120 kilomètres environ, des plaines de Perpignan au bassin d'Urgel, il suit la direction du N. E. au
S. O. ; mais en aval d'Urgel, il se détourne vers le sud, s'affaisse par degrés entre le bassin de la Sègre et celui du Llobregat et se relève tout à coup pour former au-dessus de Barcelone le célèbre Montserrat, haut de 1 236 mètres.

À l'exception de la partie orientale de cette chaîne secondaire que couronne le Canigou, le versant français n'offre qu'un seul chaînon latéral important : celui qui commence au-dessus de Montlouis et des forêts de la Quillanne, et se dirige au nord pour former les montagnes de Nohédas, le Bernat-Selvaje et la Montagne-Rase. Plus au N., sont épars les groupes désordonnés des Corbières, aux rochers blanchâtres, coupés par de profonds ravins.

Les chaînons parallèles à la chaîne principale ne sont pas mieux représentés du côté de la France que les chaînons latéraux : il en existe deux dans le département de l'Ariège, séparés par un intervalle de 15 kilomètres et longs d'environ 80 kilomètres, de la vallée de l'Aude à celle du Salat. Le plus rapproché de la grande crête commence au groupe de Carlitte, se maintient à une grande élévation (2 349 métres) jusqu'à la belle montagne de Saint-Barthélemy, s'abaisse près de Tarascon pour laisser passer l'Ariège, se redresse à la singulière montagne de Soudours, et se termine près de Saint-Girons ; le deuxième chaînon parallèle, d'une altitude moyenne de 500 à 800 mètres, est une muraille calcaire très remarquable par son extrême régularité : elle est traversée par plusieurs rivières, le Lhers, la Lectouire, la Douctoire, l'Ariège, et enfin l'Arize, qui s'y creuse pour son passage la magnifique grotte du Mas-d'Azil. Au N. de ce chaînon se prolongent vers Toulouse des rangées de collines peu importantes et les plateaux boueux du Lauragais.

Les hautes collines argileuses du Gers, qui s'étendent en longues rangées à l'O. de la vallée de la Haute-Garonne, ne prennent pas leur origine dans les Pyrénées elles-mêmes, mais dans le plateau de Lannemezan, jadis couvert de landes infertiles. Ce plateau, qui s'élève en terrasse en face de la chaîne, et que séparent des principaux contreforts les vallées longitudinales de la Garonne et de la Neste, est extrêmement curieux sous le rapport géologique par les fossiles qu'il contient, le grand nombre de rivières d'ordre secondaire qui y prennent leur source, les graviers contenus dans ses bas-fonds, et l'uniformité de ses longues croupes dépourvues de terre végétale. La dénudation du terrain tertiaire moyen dont il est composé, et que recouvrent çà et là des îlots de terrain supérieur, laissés par les eaux comme des restes de l'ancienne surface, semble indiquer l'action très prolongée des glaciers qui s'étendaient à la base des Pyrénées en poussant des moraines et en épanchant des masses d'eau très considérables. De nombreux ravins rayonnent en éventail autour du plateau et vont déverser leurs ruisseaux à l'E., au N. E. et au N. dans la Garonne, au N. O. dans l'Adour. Chose remarquable, les vallées que parcourent ces ruisseaux, presque à sec en été, ont toutes leur versant oriental très abrupt, tandis que le versant occidental offre une pente relativement très douce. Il est probable que ce contraste entre les deux versants provient du déplacement constant des cours d'eau dans le sens de l'O. à l'E. : par suite de la rotation de la Terre, les ruisseaux ne cessent de ronger leur rive orientale, et rejettent sur l'autre rive les débris entraînés.

D'autres phénomènes des plus remarquables ont eu lieu à l'O. du plateau de Lannemezan, dans toutes les vallées parallèles des gaves, où les blocs amoncelés et les traces d'érosion prouvent le passage de masses énormes d'eau descendues de la chaîne à une époque géologique reculée. Par suite de l'accumulation des matériaux de déjection à l'issue des gorges pyrénéennes, les torrents qui les arrosent aujourd'hui ont souvent changé de cours. C'est ainsi que le gave d'Ossau aurait suivi successivement quatre directions différentes. D'abord il se serait jeté dans le gave de Pau près de l'endroit où se trouve actuellement la ville de Nay. Ensuite, coulant directement au N., il aurait emprunté la vallée du Néez pour déboucher dans le gave, au pied des collines de Jurançon. Son troisième lit, obliquant au N. O., près d'Arudy, serait descendu à Oloron par le vallon où passe maintenant le ruisseau de l'Arrigaston. Le lit que suit à présent le gave d'Ossau est le quatrième qu'il se serait creusé. De même, le gave de Pau coulait autrefois vers Tarbes, d'abord par les plaines de Bénac à l'E., ensuite par celles d'Ossun à l'O. Il prit ensuite son cours par la vallée de Pontacq, où passe aujourd'hui la petite rivière de l'Ourse ; enfin, refoulé de nouveau par les encombrements de blocs qu'il avait déposés lui-même, le gave prit sa direction actuelle vers le Béarn par le défilé de Peyrouse et de Saint-Pé.

De toutes les régions sous-pyrénéennes, la plus remarquable et en même temps la plus triste est le plateau des Landes, vaste territoire de forme triangulaire, limité d'un côté par l'Océan, et des autres par l'Adour, les hauteurs cultivées de Lot-et-Garonne et les vignobles du Bazadais et du Médoc. Ce plateau, ancien lit de la mer, s'élève à une altitude moyenne de 50 à 60 mètres au-dessus du niveau de l'Atlantique, et, bien qu'il présente vers l'Océan et les vallées de la Garonne et de l' Adour une faible déclivité, il semble parfaitement horizontal sur une grande partie de son étendue. Les solitudes incultes y occupaient naguère une superficie de plus de 6 000 kilomètres carrés ; mais les bois de pin résineux et même les plantations de chênes, de chênes-lièges, d'ailanthes et d'autres essences remplacent peu à peu les mornes pâtis, et le maïs, le seigle, les pommes de terre et d'autres plantes cultivées s'emparent des clairières. L'aspect des grandes landes, partout où elles subsistent encore, est d'une beauté monotone et triste ; jusqu'à l'extrémité de l'horizon s'étend la plaine de sable blanc ou rougeâtre, couverte de bruyères, d'ajoncs, de fougères, ou de genêts. Au loin, on aperçoit la masse sombre d'une forêt de pins ou bien quelques dunes ondulées comme les vagues de la mer ; de distance en distance, la surface unie du plateau est coupée par de profonds ravins où coule une eau noirâtre. Tout est solitaire ; personne ne se montre dans l'immense espace, si ce n'est un berger monté sur ses échasses et vêtu de peaux de mouton comme un barbare des anciens jours.

Dans le voisinage de l'Océan, les landes « rases » offrent encore un aspect plus saisissant. Aux forêts de pins, aux plaines uniformes de sable nu ou recouvert d'une maigre végétation, succèdent les bas-fonds marécageux, les champs de roseaux, les nappes des étangs. En face en voit se dresser la chaîne des dunes, haute de 80 à 100 mètres seulement, mais beaucoup plus élevée en apparence à cause du contraste que forme avec elle la vaste surface horizontale des landes. Les étangs sont formés par les eaux du plateau qui, ne pouvant s'écouler vers la mer ou ne trouvant qu'une étroite issue, sont forcées de s'accumuler au pied des dunes ; quant aux dunes elles-mêmes, elles ne sont autre chose que le sable jeté sur la plage par les flots et porté dans l'intérieur des terres par le vent d'ouest jadis elles marchaient, pour ainsi dire, à l'assaut des Landes, et, gagnant chaque année d'une vingtaine de mètres, menaçaient d'y engloutir successivement tous les villages ; grâce aux semis de pins, on est parvenu à les fixer : désormais elles serviront de barrière à l'Océan qui les poussait jadis devant lui.

IV

Les grands traits géologiques de la chaîne des Pyrénées sont aussi simples que ses traits géographiques, et doivent être étudiés simultanément. Deux axes de granit parfaitement distincts forment l'ossature de la chaîne méditerranéenne et de la chaîne atlantique, et, partant, l'une du cap Creus, et l'autre des environs de Fontarabie, vont à la rencontre l'une de l'autre ne laissant entre leurs extrémités que la largeur du pays d'Aran. Dans la chaîne orientale, où les agents de dénudation ont sans doute été plus violents, le granit se montre presque partout à découvert, et l'on peut suivre sans interruption une crête de monts granitiques depuis Port-Vendres jusqu'à Vicdessos ; dans le système de l'O., le granit a relevé les couches surincombantes sans les briser dans toute leur étendue, et la roche primitive n'apparaît que çà et là par grands massifs ou îlots entourés de formations d'autre nature. À l'extrémité occidentale se montrent seulement deux de ces îlots, dent l'un domine la vallée de la Bidassoa, et l'autre celui de la Nive ; mais plus à l'E., à partir du pic du Midi de Pau, première masse granitique imposante des Pyrénées, les îlots de roche primitive deviennent de plus en plus nombreux, et, s'allongeant dans la direction de l'E. S.E., se terminent par deux massifs considérables : celui de Crabioules et du Port d'Oo, au S. de Bagnères-de-Luchon ; et celui de la Maladetta, le plus important de tout le système des Pyrénées.

En s'élevant, ces îlots de granit ont redressé sous différents angles les terrains de transition qui recouvraient autrefois tout l'espace où s'étend aujourd'hui la chaîne, et les deux versants des axes qui se rapprochent le plus du granit se composent régulièrement de schistes souvent métamorphosés par le contact des roches d'éruption sur lesquelles elles reposent. Les terrains de transition occupent une assez grande largeur, principalement sur le versant septentrional de la chaîne atlantique et sur la pente méridionale de la chaîne méditerranéenne ; en outre, ils remplissent comme un détroit l'espace compris entre les axes de granit des deux chaînes, c'est-à-dire le pays d'Aran et la vallée supérieure de la Noguera Pallaresa. Là, redressés de l'E. à l'O. par les roches primitives, ils ont été plissés de manière à former une longue et tortueuse vallée au fond de laquelle coulent, d'un côté la Noguera Pallaresa, de l'autre la Garonne. Dans les terrains de transition, qui réunissent en une seule chaîne les deux axes de granit, les érosions des eaux ont creusé nombre de grottes et de canaux souterrains ; ainsi la Garonne du Toro, prenant sa source au pied de la Maladetta, traverse une montagne pour aller former, dans le pays d'Aran, la magnifique source du Goueil de Jouéou, consacrée à Jupiter, comme tant de montagnes et de cols des Pyrénées (Jau, Geu, Géou, Hiéou, Giéou, Jouéou).

Les formations du grès bigarré, du calcaire jurassique, le grès vert et la craie, ont été également redressées des deux côtés de la chaîne. Le grès bigarré ne se montre en quantité considérable que près du golfe de Biscaye, aux environs de Saint-Jean-Pied-de-Port ; le terrain jurassique, encore moins bien représenté dans les Pyrénées, existe entre Pampelune et Tolosa, et forme sur le versant français une étroite bande qui commence près d'Argelès, se dirige à l'E. vers le S. de Saint-Gaudens, se redresse pour former les pics du Gar et de Cagire, et cesse d'affleurer à la surface au-delà de Saint-Girons. La formation du grès vert s'est exhaussée avec une grande régularité ; elle forme de chaque côté de la chaîne une bande de largeur assez égale, surtout au versant méridional de la chaîne atlantique, où elle s'élève à la hauteur des plus hautes montagnes granitiques. Les énormes masses du Mont-Perdu, du Marboré, de Troumouse appartiennent à cette formation.

Le terrain de la craie, qui se trouve également des deux côtés de la chaîne, atteint une énorme largeur sur le versant espagnol : c'est la dernière formation dont les couches aient été dérangées par l'apparition des Pyrénées actuelles. Les autres terrains des plaines de la France et de l'Ebre, appartenant aux époques tertiaire et récentes, gardent une horizontalité relative : ils se composent de marnes, de sables, d'argiles et de blocs roulés qui ont remplacé l'ancienne mer étendue à la base des Pyrénées : c'est dans les dépôts de cet âge que se trouvent les énormes quantités d'ossements qui ont rendu célèbres les noms de Sansan, d'Aurignac et d'autres localités du Gers et de la Haute-Garonne [78]. M. Elie de Beaumont a prouvé que les Pyrénées ont pris leur forme présente pendant l'intervalle qui a séparé le dépôt des craies de celui des terrains tertiaires. Quant aux Corbières et au chaînon du Canigou, ils ont été soulevés à une époque plus récente que la chaîne principale.

Les terrains d'alluvion se rencontrent dans toutes les vallées que des lacs emplissaient autrefois : la *cuenca* de Pampelune, le haut bassin de l'Aragon, de Jaca à Verdun, celui de la Sègre, entre Saillagousse et Isobol, ceux de la basse Neste, de Labarthe-de-Neste à Montrejeau, et de la haute Garonne, de Marignac à Loures et de Montrejeau à Valentine. La plaine de Perpignan tout entière, sur une étendue de 1 000 kilomètres carrés, depuis Sigean jusqu'à la base des Albères, est également d'origine alluviale ; elle a été formée par les atterrissements de la Têt, du Tech et du Réart.

Les autres formations géologiques n'ont qu'une faible étendue ; mais quelques-unes d'entre elles offrent un grand intérêt pour les savants. Tels sont les terrains volcaniques, longtemps cherchés sans succès dans les Pyrénées. Situés dans la province de Girone, au S. de la chaîne principale, et près de la ville d'Olot, ils offrent plusieurs cratères relativement modernes. La région où se firent jour les volcans, éteints aujourd'hui, semble avoir été profondément modifiée dans la nature de ses rochers, et c'est non loin de là que sont exploitées les principales mines de houille, de sel, de fer et d'or des Pyrénées.

Les serpentines, les mélaphyres et les ophites qui ont percé du sol en mamelons épars, et forment en certains endroits de véritables groupes, n'ont aussi qu'une étendue peu considérable, relativement à celle de la chaîne entière ; mais c'est à l'existence de ces roches que les Pyrénées sont en grande partie redevables de leurs richesses, car c'est à leur contact avec les autres terrains que jaillissent la plupart des sources qui ont donné une telle importance aux Pyrénées. D'aprés M. François, qui a tant fait pour la prospérité des établissements thermaux de la France, on comptait, en 1860, 554 sources minérales, dont 187 utilisées, jaillissant sur le versant français des Pyrénées. Ces eaux alimentaient 83 thermes dans 53 stations thermales, à la tête desquelles se trouvaient Bagnères-de-Bigorre et Bagnères-de-Luchon, les Eaux-Bonnes, Cauteres, Barèges, Amélie-les-Bains, etc. Le nombre des thermes est actuellement plus considérable. Sur le versant espagnol, les sources sont moins abondantes, moins connues, et les établissements plus clairsemés ; cependant les bains de Panticosa et de Caldas de Bohi ont une réputation européenne. Une *É tude comparative des eaux minérales de France et d'Allemagne* , publiée par M. Garrigou, a établi (1874) que la région pyrénéenne est sans égale au monde pour la quantité comme pour la qualité et la variété de ses sources thermominérales.

En dépit de la légende antique, d'après laquelle le nom des Pyrénées devrait être attribué à un incendie ($\pi \tilde{u} \varrho$) qui en aurait fait découler des fleuves d'argent, cette chaîne de montagnes est relativement pauvre, non-seulement en or et en argent, mais encore en autres métaux. À l'extrémité occidentale de la chaîne, le bassin de Baïgorry renferme des mines de fer et de cuivre, mais ces mines ne sont plus assez importantes pour alimenter une seule usine. La vallée de Ferrières, située sur les confins des Hautes et Basses-Pyrénées, possède aussi des mines de fer, ainsi que son nom l'indique, et récemment encore le minerai en était utilisé dans quelques forges. La vallée d'Aure est assez riche en gisements de cobalt, de nickel, de manganèse, de plomb argentifère. Le zinc sulfuré des montagnes de Pierrefitte est exploité avec succès. Enfin les hautes vallées de l'Ariège, Tarascon, Ax, Vicdessos, et, dans les Pyrénées-Orientales, les gorges du Tech et de la Têt, sont des régions classiques pour l'extraction du minerai de fer et la préparation des aciers ; mais l'appauvrissement des forêts et le manque de combustible, qui en est la conséquence, et surtout la concurrence des fers anglais, rendent chaque année l'industrie des forges plus dispendieuse et plus précaire. Quant aux mines de plomb argentifère de l'Ariège, du Salat et du Tech, elles ont été plusieurs fois exploitées, puis abandonnées. Si les mines des Pyrénées sont dans une période de décadence, en revanche, les carrières de marbre prennent chaque année un plus grand développement, principalement aux environs de Bagnères-de-Bigorre : c'est là que sont mis en œuvre les beaux marbres de Campan, de Beyrède, de Sarrancolin, etc. Le sel est également exploité dans quelques vallées situées au pied des montagnes, à Salies-de-Béarn, à Camarade. Le plâtre se trouve en abondance dans la vallée de l'Ariège, près de Tarascon, et au N. de Salies-sur-Salat, dans les territoires de Marsoulas, de Betchat et de Cassaigne.

Si l'on ne tient pas compte de quelques lambeaux de houille dans les Basses-Pyrénées et en Ariège, les terrains carbonifères des Pyrénées françaises, au nombre de trois seulement, ne peuvent aucunement être comparées par leur étendue à ceux du centre de la France. Celui de Durban, situé dans le département de l'Aude, à l'O. de Sigean, apparaît au jour sur 2 kilomètres de longueur et sur 1 kilomètre de largeur ; celui de Ségure, situé au S. O. du premier, est plus considérable, et s'étend sur une superficie de 4 kilomètres sur 1 000 mètres. Mais le versant espagnol est plus riche et possède deux bassins houillers, qui auront peut-être une grande importance lorsqu'ils seront rendus accessibles par des routes carrossables ou des chemins de fer. Ces deux bassins sont celui de San Juan de las Abadesas et celui de la montagne de Cadiz, à l'E. de la ville d'Urgel.

<u>78</u> Au moment où nous mettons sous presse, nous apprenons par le *Journal officiel* (7 mai 1874) que MM. Lartet et Chaplain ont découvert, sur le promontoire qui domine Sordes, au confluent des gaves de Pau et d'Oloron, « une très curieuse sépulture des anciens troglodytes des Pyrénées, superposée à un foyer contenant des débris humains associés à des dents sculptées de lion et d'ours ».

V

Autrefois les deux versants des Pyrénées étaient habités en grande partie par des hommes de même race, par ces Ibères dont les descendants sont aujourd'hui connus sous le nom de Basques ou d'Euscariens (Euscaldunac). Avant l'époque historique, il est probable que cette race occupait la plupart des contrées de l'Europe occidentale, ou du moins l'Espagne, la Gaule méditerranéenne, les côtes de l'Italie, la Corse, la Sardaigne, les Baléares. Plusieurs de ces hommes qui ont laissé leurs ossements dans les cavernes des Alpes et des Pyrénées à côté de ceux de l'ours, de l'hyène et du rhinocéros, étaient peut- être des Ibères : c'étaient peut-être également des hommes de cette race qui fondèrent sur pilotis ces petites Venises dont on a récemment retrouvé les vestiges en si grande abondance dans les lacs de la Suisse et de la Savoie. Cédant à la pression des envahisseurs celtes, phocéens, romains, francs ou wisigoths, les pacifiques aborigènes reculèrent peu à peu ; ils abandonnèrent les rivages, puis les plaines ouvertes et les régions de collines, et finirent par se réfugier dans les vallées des montagnes. À l'époque romaine, la plupart des hautes vallées pyrénéennes, depuis le cap Creus jusqu'au cap Finisterre, leur servaient de boulevard ; seulement un petit nombre de tribus celtiques avaient obtenu, de gré ou de force, le droit de séjourner dans quelque gorge. Maintenant encore la plupart des populations pyrénéennes, de Port-Vendres à Bayonne, sont incontestablement d'origine ibérique. Les Andorrans et les Aranais, les montagnards des vallées de Biros et de Betmale, bien qu'ils aient oublié leur langue et perdu jusqu'au souvenir de leurs aïeux, ont le même droit au nom de Basques que les habitants de la Soule et du Labourd. Brisés en plusieurs groupes distincts par les invasions, les guerres, les vicissitudes politiques de toute espèce, ils ignorent aujourd'hui leur parenté ; mais ils n'en sont pas moins frères. Comme un continent assiégé par les eaux d'un déluge, la nationalité des Ibères s'est partagée en un grand nombre d'îles et d'îlots. En s'isolant, chaque partie d'un continent qui se fractionne reçoit une désignation qui n'est plus celle du massif entier ; de même, chaque groupe d'Ibères a perdu son nom en voyant se rompre le lien qui l'unissait à la mère patrie. Seuls, les Basques qui ont pu se maintenir en corps de nation considérable à l'extrémité occidentale des Pyrénées, et auxquels se trouvent probablement mêlés quelques groupes d'origine celtique, ont dû à la force du nombre le privilège de garder leur nom, leur langue et le sentiment de leur nationalité.

Depuis plus de cinquante ans déjà, Guillaume de Humboldt a prouvé par l'étude des noms de lieux que les Basques avaient occupé toute la péninsule hispanique, et récemment, la comparaison des monnaies recueillies en diverses parties du midi de la France et de l'Espagne confirmé d'une manière éclatante les découvertes du célèbre philologue. Pour nous borner aux seules régions pyrénéennes, c'est par milliers qu'on trouve dans les parties centrales et orientales de la chaîne des noms d'origine *escuara* . Aussi bien que les provinces basques proprement dites, ces districts ont leurs vallées de Bastan, de Bastennes, et de Bastannet ; l'Andorre, comme le Labourd, possède une Ardanabia ; les villes d'Elne, de Collioure, d'Auch et maint village d'Espagne étaient désignés par le titre sonore d'Illiberris ; enfin, il n'est pas de localité dont le nom soit plus évidemment ibère que celui de la cité catalane de Bascara. Et les Pyrénées elles-mêmes, que les Arabes appelaient Djebel-Al-Basken, montagnes des Basques, ne doivent-elles pas aux Ibères le nom qu'elles portent encore ?

Quoi qu'il en soit, les Basques reconnus comme tels n'occupent plus aujourd'hui qu'une très faible partie du domaine de leurs ancêtres. Au nombre de 570 000 environ, ils habitent les deux versants de la chaîne, dans le département des Basses-Pyrénées, dans la Navarre espagnole, et dans les provinces de Guipuzcoa, d'Alava et de Bilbao. En France, ils ne possèdent qu'une partie des vallées de la Nivelle, de la Nive, de la Bidouze et du Saison, et leur population homogène, parlant encore la langue de leurs aïeux, ne s'élève pas à plus de 120 000 âmes. La surface occupée par la population purement basque n'est point connue d'une manière tout à fait précise : sur aucune carte, la frontière entre l'euscarien et les patois gascons n'a été tracée avec rigueur. On peut dire d'une manière générale que le Pays basque est borné au N. par le territoire de Biarritz et de Bayonne, puis, au-delà de Saint-Pierre-d'Irube, par les plaines de l'Adour. Les Basques parlant encore l'idiome de leurs ancêtres occupent tous les promontoires, tandis que les populations à patois gascon pénètrent au loin dans les vallées : une courbe de niveau semblable à celles que l'on trace sur les cartes pour marquer la différence des altitudes indiquerait ainsi la frontière entre les deux langues. À l'E. la frontière de l'euscarien, formée d'abord par le cours inférieur de la Bidouze, suit le faîte des hauteurs entre la ville basque de Saint-Palais et la ville béarnaise de Sauveterre, descend dans la vallée du Saison, près du village de Charritte, puis se développe sur la chaîne de collines qui sépare la vallée du Saison de celle du Vert, et qui se redresse de cime en cime jusqu'au superbe pic d'Anie. Cette crête n'a été franchie par les Béarnais que sur un seul point, dans le haut vallon de Montory. L'ensemble du territoire français comprend l'arrondissement de Mauléon et la majeure partie de celui de Bayonne. Autrefois, on le divisait en trois districts, dont le plus occidental se nommait Labourd (*Laphurdy* , pays des pirates), le plus oriental, Soule, et celui du milieu, Basse-Navarre.

Bien que Béarnais et Basques descendent pour la plupart des mêmes ancêtres ibères, et que les formes de leurs têtes, les traits de leurs visages se rapportent au même type, cependant il est facile de distinguer ces deux populations voisines à la simple apparence. Dès qu'on a traversé la frontière qui sépare les campagnes du Béarn de celles du Pays basque, on s'aperçoit soudain du changement des physionomies. Au lieu des visages tant soit peu cauteleux des paysans béarnais, au lieu de leurs sourires presque douteux, on voit des têtes rejetées noblement en arrière, des regards francs, des gestes intrépides. Le Basque n'a jamais été asservi et porte encore sur le front le signe de la liberté.

En général, les Basques sont bruns et de petite taille ; cependant ceux qui habitent les vallées de Larrau et de Sainte-Engrace, dans le cœur même du Pays basque, sont plus grands que leurs voisins Béarnais, et leur chevelure est blonde : il est donc impossible de caractériser le type basquais par la taille et la couleur des cheveux. Quant à leurs crânes, que les anthropologistes se figuraient jadis, mais sans preuves, appartenir au type des « courtes têtes » , M. Broca, puis M. Virchow, ont démontré, du moins pour ceux du Guipuzcoa, qu'ils sont du type à « longue tête » (*dolichocéphales*), comme ceux des Celtes et des Germains ; mais, si chez les Basques espagnols la tête ressemble par sa longueur à celle des envahisseurs de l'Europe occidentale, elle en diffère par la forme. Elle rappelle le crâne de nègre par le développement de l'occiput, mais elle dépasse en moyenne celle des Aryens par la capacité, et la forme antérieure de la face est d'une beauté tout exceptionnelle. L'Euscarien se distinguerait entre tous les hommes par la petitesse de sa mâchoire et son profil vertical. Toutefois, avant de se prononcer, il faut attendre que des observations précises aient été faites sur les habitants de toutes les vallées du Pays basque. À Saint-Jean-de-Luz, ancienne ville de commerce, les brachycéphales et les dolichocéphales sont mélangés, avec prédominance du premier type. Ce qui distingue d'une manière spéciale les Euscariens et leur donne une incontestable supériorité sur les lourds paysans de nos campagnes françaises, qui mettent tout leur art à cacher leurs pensées secrètes, c'est l'extrême mobilité de la physionomie. Les moindres sentiments se révèlent sur leurs visages par l'éclair du regard, le jeu des sourcils, le frémissement des lèvres. Comme dans les autres races non encore mélangées, les femmes surtout conservent le type national : elles ont presque toutes de grands yeux humides et caressants, un nez finement sculpté, une petite bouche, une peau blanche et fraîche, une taille d'une merveilleuse souplesse. Malheureusement le noir est pour elles la couleur distinguée par excellence : le dimanche elles sont toujours vêtues de robes de couleur sombre.

Les Basques sont remarquables surtout par l'élasticité de leur démarche et de leurs mouvements ; on dirait que leurs membres sont doués de ressorts particuliers, tant ils se meuvent avec grâce et légèreté. Quand on les voit descendre du haut de leurs rochers avec leur veste de velours, leur ceinture de soie, leur béret rouge ou bleu posé sur de longs cheveux flottants, ou mieux encore, quand on les voit l'œil ardent, la poitrine frémissante, saisir au vol la balle du jeu de paume, ils semblent plutôt rebondir que marcher ou courir. Ils ont presque toujours à la main un *makita* ou bâton plombé, qu'ils brandissent d'un air héroïque. S'ils passent à côté d'un voyageur, ils arrêtent un moment le moulinet de leur bâton, saluent avec grâce, mais comme des égaux, sans baisser le regard. Ils se savent tous gentilshommes. Quant à leur intelligence, elle est certainement au-dessus de la moyenne, et ils en donnent des preuves par l'étonnante facilité avec laquelle ils apprennent l'espagnol, le français et le béarnais. Cependant aucun de ces génies dont les peuples gardent éternellement la mémoire n'a fait encore son apparition dans le peuple basque. Parmi les hommes remarquables, on ne cite guère que des marins, des chefs de guérillas. Pendant une partie du Moyen Âge, ils furent les premiers navigateurs du monde et pourchassaient la baleine jusque dans les mers d'Islande et du Groenland. Au commencement de l'âge moderne, la Biscaye a produit cet aventurier fanatique qui, malgré ses hallucinations, garda toujours une si grande connaissance de certaines natures humaines et un si merveilleux talent d'organisateur, Ignace de Loyola. Le rhéteur Quintilien, le poète Ercilla, le fabuliste Iriarte, le chimiste Daguerre, et, dans l'Amérique du Sud, un grand nombre d'hommes considérables étaient d'origine ibère.

Le peuple euscarien, qui, d'après Bory de Saint-Vincent, serait l'unique représentant de l'ancienne race atlantique, parle une langue à part, restant, au moins provisoirement, en dehors de toutes les classifications des savants. Elle se vante de n'avoir pas de sœurs et d'être une langue absolument primitive. Si par le système d'agglutination des membres de la phrase en un seul mot, elle ressemble aux langues américaines et à quelques idiomes touraniens, elle reste complètement séparée de cette famille par d'autres particularités grammaticales. Le langage escuara, que les anciens érudits basques prétendaient avoir été celui du Père É ternel, est véritablement beau : il a la douceur de l'italien et la mâle sonorité de l'espagnol. É coutons M. Chaho parler de sa langue maternelle :

« La grammaire euscarienne se distingue entre toutes par une admirable simplicité et par une régularité invariable qui n'admet aucune exception à ses règles ; on peut dire qu'elle réalise l'idéal de la perfection philosophique du langage. Tous les noms euscariens sont conjugables, ce qui revient à dire qu'il y a en euscarien autant de verbes que de mots, richesse qu'aucune langue connue ne partage avec cet idiome. En outre, tous les mots, quels qu'ils soient, peuvent être conjugués synthétiquement de la manière la plus régulière et la plus complète. La langue euscarienne conjugue tous ses noms avec le verbe *être-avoir*, et non seulement les noms, mais les adverbes de lieu ; et non seulement ces adverbes, mais leurs diminutifs, approximatifs, augmentatifs, et, comme on compte ceux-ci par douzaines, cela fait pour chaque adverbe une douzaine de conjugaisons différentes. Dans cette langue, toute lettre, toute syllabe est comme les touches sonores d'un clavier : chacune d'elles rend un son intellectuel, une note, et joue son rôle dans l'harmonie de la pensée.

« Les combinaisons entre les verbes, leurs sujets et leurs régimes, sont presque innombrables ; mais leur parfaite régularité rend ces formes multiples très faciles à apprendre. Ainsi on compte 1 045 formes pour le présent de l'indicatif du verbe *être-avoir*, ce qui donne plus de 10 000 formes pour le verbe entier, et cependant pas un enfant basque ne commet d'erreur dans son langage.

« Le mécanisme de la langue basque, ses inversions, ses désinences grammaticales, facilitent singulièrement la versification. Un jeune homme a-t-il une imagination vive, un père barde et une mère habituée à répéter les chansons du temps passé, il commencera à chanter à son tour. Bientôt il composera lui-même des chants, sans autre étude, pareil à l'oiseau qui redit d'instinct les conseils de son père veillant sur sa couvée. » Le basque d'Espelette est, dit-on, le plus élégant et le plus pur.

Fiers de leur langue, les Basques peuvent l'être à bien plus juste titre de leur histoire. Ils ont toujours aimé l'indépendance pour eux-mêmes et pour leurs voisins. Ni esclaves, ni tyrans, telle a toujours été leur devise. Plutôt que de subir la servitude imposée par Auguste, les Cantabres se précipitent du haut des rochers et se libèrent par la mort. Ils résistent victorieusement aux Wisigoths, aux Alains, aux Suèves et aux Vandales ; ils se maintiennent libres au milieu de ce flux et de ce reflux d'hommes qui traversent les Pyrénées ; ils arrêtent Charlemagne et chantent sur le cadavre de Roland vaincu l'hymne épique d'Altabiscar ; plus tard, ils aident les Espagnols à reconquérir leur patrie sur les Maures. Ils traversent l'époque féodale sans laisser porter atteinte à leurs libertés. Jamais ils ne sacrifient leurs droits, et s'ils acceptent un chef, c'est en lui posant des conditions. Quand le prince manquait à son serment, le peuple était délié du sien. L'article fondamental de la Constitution de Guipuzcoa, cité dans le remarquable ouvrage de M. Eugène Cordier [72], est ainsi conçu : « Si quelqu'un veut contraindre quelque homme, femme, bourg ou ville du Guipuzcoa à quoi que ce soit, en vertu de quelque mandat de notre seigneur le roi de Castille qui n'aurait point été approuvé par l'assemblée générale, ou qui serait attentatoire à nos droits, privilèges, fors et libertés, qu'il lui soit incontinent désobéi. S'il persiste, qu'il soit mis à mort ! » Et cet article de la Constitution n'était pas une vaine parole : plus d'une fois il fut exécuté dans toute sa rigueur. Les Basques étaient tous nobles, car, selon la remarque profonde de M. Eugène Cordier, « noblesse était le nom que la liberté avait pris pour se faire comprendre d'un monde barbare. »

Et non seulement les Basques qui parlent encore la langue escuara, mais tous les Pyrénéens de race ibère faisaient preuve pendant le Moyen Âge de la même fierté démocratique. Les vallées d'Ossau, d'Aspe, de Barétous, de Lavedan, de Barèges, d'Aure et de Neste, le pays d'Aran, étaient autant de petites républiques semblables à l'É tat d'Andorre qui existe encore aujourd'hui. Tout en reconnaissant pour la forme tel ou tel seigneur féodal, elles n'en étaient pas moins libres et autonomes ; elles repoussaient les juges envoyés par le suzerain ; elles n'aidaient le prince dans ses guerres que lorsqu'elles trouvaient sa cause juste ; elles concluaient librement des traités de paix et de commerce avec les vallées voisines, soit espagnoles, soit françaises, sans demander la ratification de personne : les droits de douane, la gabelle et autres impôts vexatoires leur étaient complètement inconnus. Fortes de leur droit, ces petites républiques résistèrent même à Louis XIV ; la vallée d'Aspe affirma hautement contre le grand roi la souveraineté populaire et donna un refuge aux protestants, qui, dans toutes les autres parties de la France, étaient pourchassés et mis à mort. Pendant dix années, les vallées de Barèges et de Lavedan repoussèrent la gabelle que voulait leur imposer Louis XIV et finirent par gagner leur procès. Une paix inviolée régnait entre les vallées limitrophes de la France et de l'Espagne, si ce n'est quand les habitants de l'un ou l'autre versant étaient brouillés au sujet de quelque pâturage ; même lorsque la guerre était allumée entre les deux royaumes, les vallées devaient s'avertir mutuellement de l'arrivée des troupes ennemies aux frontières. Pendant le sanglant Moyen Âge, alors que dans tous les pays de la plaine la guerre, suivie de la peste et de la famine, régnait en permanence, les bergers et les cultivateurs des Pyrénées jouissaient de la tranquillité la plus profonde. Les chartes des républiques pyrénéennes avaient pris pour idéal ce vœu touchant de la coutume de Bigorre : « Que le rustique ait paix à toujours. »

Toutes les populations pyrénéennes, et les Basques en particulier, ont un sentiment de la famille très développé, et ils le manifestent surtout par leurs témoignages de vénération envers les morts. Les cimetières des moindres villages du Pays basque sont de véritables jardins entretenus avec les soins les plus touchants. Mais, très superstitieux, les Basques se laissent souvent entraîner par le fanatisme. Ils croient chacune de leurs montagnes habitées par un génie favorable ou malfaisant, et racontent une légende sur chacune de leurs fontaines. Dans leur opinion, des serpents gigantesques habitaient encore, du temps de la reine Jeanne, les cavernes de la Soule, et se jetaient sur les passants pour les dévorer. De nos jours, on entend parfois des hurlements étranges se mêler au murmure du vent ; ces hurlements sont poussés par Rassajaona, le dieu des forêts et des montagnes. Vers le commencement du XVIIe siècle, nulle part, si ce n'est peut-être en

Alsace, on ne brûla un si grand nombre de sorcières. Les femmes allaient en foule s'accuser d'être les amantes de Satan, et demandaient avec instance d'être décapitées ou brûlées. Une d'entre elles, la plus belle fille du Pays basque, fut conduite à Bayonne, où elle devait monter sur le bûcher. Quand le bourreau s'approcha d'elle et s'avança pour lui donner, selon la coutume, le baiser de paix, elle rejeta vivement sa tête en arrière en s'écriant : « Moi, qui ai baisé Satan, me laisserais-je embrasser par le bourreau ? » Il y a quelques années à peine, en 1862, une vieille femme, accusée de sorcellerie, fut brûlée dans un four par des paysans de Pujo, prés de Tarbes. Enfin, en 1867, après une grêle dévastatrice, la population tout entière des Pyrénées donnait pour cause au fléau la malédiction prononcée par un curé contre un meunier impie.

Les départements pyrénéens sont parmi les départements de la France dont la population est la plus illettrée ; certains districts, notamment ceux de l'Ariège et du Roussillon, sont aussi de ceux où les habitations sont les plus immondes. Aussi les crétins sont nombreux, surtout dans les vallées où se trouvent des roches de formation magnésienne, comme celles d'Argelès et de Campan ; dans les Pyrénées basques, les goîtreux sont fort rares.

Les aborigènes des Pyrénées se distinguent par un amour fanatique de la propriété, et cette passion leur a fait autrefois imaginer sur l'héritage des lois qui n'avaient pas leurs semblables en Europe. Afin de maintenir l'intégrité des fortunes, les Ibères et les Cantabres reconnaissaient le droit d'aînesse comme un droit primordial ; quel que fût le sexe de l'aîné, ils le déclaraient l'héritier universel de la famille et le maître des autres enfants. Frères et sœurs devenaient les serviteurs, les *esclaves* de celui ou de celle qui avait eu la chance de naître avant les autres : ils devaient travailler dans la maison patrimoniale ; ils ne possédaient rien, et pour vivre, devaient s'en rapporter à la munificence du maître ou de la maîtresse. Le propriétaire était chef de clan et donnait son nom à tous ses parents. La femme de l'héritier devenait aussi sa domestique et n'avait d'autre devoir que de donner des enfants au maître et d'augmenter le patrimoine ; de même le mari de l'héritière était simplement le premier des serviteurs, il perdait jusqu'à son nom, et, s'il quittait le toit conjugal, il n'avait pas même le droit de réclamer sa dot ni le produit de son travail. Telles étaient les anciennes coutumes des Ibères ; modifiées à diverses époques au profit du sexe masculin, elles étaient encore intactes à l'époque de la Révolution française dans la vallée de Barèges. Supprimé en principe par le nouveau droit public qui régit la France et l'Espagne, le droit d'aînesse se perpétue en dépit des lois. De nos jours, dans les Basses-Pyrénées, les paysans utilisent jusqu'aux extrêmes limites la tolérance du Code pour avantager l'aîné, et le plus souvent les cadets se prêtent volontiers à cette manœuvre qui les prive d'un bien qu'ils pourraient réclamer. Encore aujourd'hui, nombre de puînés se condamnent volontairement au célibat pour que le chef de famille s'enrichisse par l'extinction de toutes les branches collatérales. Encore aujourd'hui, des paysans basques et béarnais s'identifient tellement avec la propriété dont ils héritent qu'ils oublient jusqu'à leur nom et sont connus seulement sous celui de leur terre.

Quoi qu'il en soit des dispositions exorbitantes de l'ancienne coutume, on voit que les anciens Basques reconnaissaient à la femme les mêmes aptitudes qu'à l'homme pour fonder la famille et la maintenir dans la prospérité. S'il est vrai que les sociétés sont d'autant plus morales que les femmes y sont plus respectées, il est certain que la société basque avait une moralité supérieure à celle des sociétés voisines, puisqu'elle plaçait la femme sur un pied complet d'égalité avec l'homme. D'après le témoignage de Plutarque, nous savons qu'on les choisissait comme juges à cause de leur amour de la paix ; dans la république de Saint-Savin et probablement aussi dans les républiques voisines elles avaient le droit de suffrage. Tandis que presque tous les peuples de l'Antiquité avaient pour la femme un sentiment qui te-nait du mépris, les Ibères lui témoignaient un profond respect, et, tant que la Biscaye française garda son indépendance et ses coutumes, le viol y fut puni de mort. Cette grande influence des femmes, que Strabon considérait comme un signe de barbarie, n'explique-t-elle pas, au contraire, comment les populations pyrénéennes ont toujours préféré la paix avec leurs voisins et la tranquillité domestique, à la politique de violence, aux attaques à main armée, aux expéditions lointaines ? Et cependant l'histoire l'a bien prouvé, les montagnards des Pyrénées ne manquent pas de courage. Hardi comme un Basque ! dit le proverbe. Quand il s'agissait de défendre leur liberté, ils combattaient jusqu'à la mort. Les Basques n'ont-ils pas encore pendant ce siècle-ci guerroyé quinze années pour maintenir leurs *fueros* et, au commen-cement des guerres de la Révolution française, n'a-t-on pas vu les gens de Banyuls, eux aussi d'origine cantabre, garder héroïquement un passage que les troupes républicaines venaient d'abandonner en désordre ?

Les jeux des Basques rappellent ceux des Grecs par leur caractère émi-nemment national, par la pompe avec laquelle ils se célèbrent, par la place importante qu'ils occupent dans la vie du peuple et des individus. Et par ces jeux publics, les Basques n'ont pas seulement en vue de développer leur force et leur agilité ; ils pensent aussi aux droits de leur intelligence et lui font une part considérable. Seuls entre tous les paysans français, ceux des Basses-Pyrénées jouent encore des pastorales nationales avec décors et mu-sique. Les pièces que M. Francisque-Michel a recueillies, au nombre de trente-quatre, sont empruntées, soit à la Bible, soit à la légende, à la mytho-logie grecque, aux traditions historiques du Moyen Âge et même aux an-nales ottomanes. Ces pastorales sont toujours représentées par des hommes. « Elles ont presque toutes été composées dans la Soule, pays dont Mauléon est le chef-lieu. C'est dans ce coin de terre, qui a vu naître les Oihenart, les Archu, tous les meilleurs poètes basques, que l'on conserve les recueils dramatiques les plus renommés, et que se donnent les représentations les plus soignées comme les plus fréquentes. Dans le Labourd, on ne joue plus que des comédies [80]. »

La danse du saut basque, appelée *mutchico* , de *muthico* , garçon, est aussi l'un des grands amusements nationaux, et les jeunes gens s'y livrent avec frénésie. Après la représentation des Pastorales, l'honneur de danser les trois premiers mutchico est mis à l'encan, et la jeunesse des diverses communes se le dispute. Le premier saut basque coûte quelquefois 150 à 200 francs. Les autres récréations en plein air sont : la course, pour laquelle les montagnards des Pyrénées ont été de tout temps renommés ; le saut simple à pieds joints, avec ou sans l'aide du bâton ; les quilles ; le jet d'énor mes barres de charrettes ou de lourdes pierres. « Il n'y a pas encore longtemps que dans la Soule on pratiquait les jeux de la hache et du javelot, armes que le Navarrais au Moyen Âge, et le Cantabre de l'Antiquité, lançaient avec tant d'adresse. » En certains endroits du Pays basque espagnol, on danse encore la danse de l'épée. Les femmes aussi bien que les hommes s'exercent aux divers jeux de force et d'adresse.

Mais la gloire des Basques est le jeu de paume ; ils lui ont voué une espèce de culte comme à leur plus précieuse institution nationale. Un beau joueur de paume acquiert vite une renommée populaire, et son nom vole de bouche en bouche des bords de l'Océan jusqu'aux hameaux les plus haut perchés sur les montagnes. Ainsi vit le souvenir des Perkaïn, des Carutchet et des Azanza, qui furent les plus grandes célébrités du siècle dernier. Perkaïn, qui était réfugié en Espagne pendant la Révolution, apprend que Carutchet annonce une partie aux Aldudes. Il accourt, malgré les dangers de sa présence de ce côté de la frontière, combat, remporte la victoire, et rentre en Espagne, applaudi et protégé par 6 000 spectateurs. M. Germond de Lavigne raconte aussi que, sous l'Empire, quatorze soldats du même régiment, ayant appris qu'il s'organisait une partie à Saint-Étiennede-Baïgorry, partirent des bords du Rhin sans permission, remportèrent la victoire et revinrent au corps tout juste pour la bataille d'Austerlitz. Des enjeux énormes sont exposés plusieurs fois chaque année aux chances de ces parties. Les spectateurs ne peuvent guère parier avec honneur que pour les joueurs de leur dialecte ; celui qui agirait autrement serait honni par la clameur publique. L'argent en espèces sonnantes est jeté sur la place, et le premier venu ramasse le dépôt, toujours remis fidèlement au gagnant. Entre Français et Espagnols, les paris sont immenses.

Comment se fait-il que les Basques et les autres populations pyrénéennes, avec toutes leurs qualités, n'aient pu maintenir une existence nationale indépendante ? Parmi les causes morales de leur assujettissement définitif, ou pourrait signaler leur esprit de famille exclusif, leur amour jaloux du patrimoine, qui n'était pas suffisamment équilibré par le sentiment de la patrie ; mais c'est dans le relief du sol, dans la forme même des Pyrénées, qu'il faut chercher la véritable cause de l'absorption des Basques et des autres Pyrénéens par les deux grandes nations voisines, les Français et les Espagnols. Dans l'Antiquité et pendant le Moyen Âge, alors que les communications étaient difficiles, le rayonnement des chaînons parallèles qui descendent de la crête des Pyrénées favorisait singulièrement l'indépendance des montagnards en les isolant de tous leurs voisins ; mais, à mesure que les chemins se multipliaient, et que les transactions entre les gens de la plaine et ceux de la montagne croissaient en importance, cette disposition parallèle des chaînons latéraux, qui avait jadis sauvegardé la liberté républicaine des montagnards, se changeait pour eux en une cause de faiblesse. Trop étroite pour sa longueur, la rangée des petites républiques devait nécessairement se fractionner, et chacun des groupes de communes qui la composaient était condamné à périr par l'isolement. Habitant des vallées séparées les unes des autres et ouvertes du côté de la plaine, les pâtres de Barèges, d'Aure, du Lavedan ne pouvaient opposer qu'une faible résistance à l'envahisseur, et restaient acculés au fond de leurs gorges sans pouvoir demander de secours à leurs voisins. Ils n'avaient pas, comme les Suisses, le privilège de pouvoir s'appuyer mutuellement et de se grouper autour d'un centre commun, défendu de tous les côtés par de hautes chaînes.

De toutes les anciennes républiques pyrénéennes, une seule subsiste de nos jours, celle d'Andorre, et encore doit-elle uniquement sa conservation à la tolérance de la France et de l'Espagne, qui considèrent ce petit É tat comme une simple curiosité politique ; d'ailleurs, il faut le dire, les mœurs féodales de sa population et les traditions qu'elle a conservées depuis l'époque de Louis le Débonnaire, ne la rendent guère dangereuse aux monarchies voisines par sa propagande républicaine. À l'exception d'Andorre, toutes les *universités* des Pyrénées suivent maintenant la destinée de l'une ou l'autre des deux puissantes nations voisines, et, quand la guerre éclate entre les deux pays, les Barégeois ne se font aucun scrupule d'avoir pour ennemis les gens de Bielsa ou de Broto, auxquels leurs ancêtres avaient juré une paix éternelle. De même les Basques français servent sans répugnance contre les Basques espagnols ; même les habitants d'Hendaye détestent ceux de Fontarabie, de l'un à l'autre bord de la Bidassoa. Les vieux liens sont rompus, la tradition des temps est oubliée.

Ayant perdu leur indépendance nationale, les Euscariens sont condamnés à perdre aussi leur langage dans un avenir prochain. Dans les vallées reculées, comme celles de Sainte-Engrace, de Roncal, d'Ochagavia, on ne trouve guère que l'instituteur et deux ou trois dignitaires qui sachent parler français ou espagnol ; mais partout où le commerce, les établissements thermaux, les bains de mer, la surveillance des frontières amènent un grand nombre d'étrangers, le basque s'éteint graduellement et fait place à l'une des deux langues envahissantes. Il paraît cependant que les limites actuelles de l'idiome escuara ne se sont guère modifiées depuis l'époque romaine, du moins du côté de la France. À cette époque, la force brutale, les massacres, les transportations en masse, puis la longue et savante pression administrative que les proconsuls faisaient subir aux peuples vaincus finirent par priver les aborigènes de l'usage même de leur langue. Le basque se maintint seulement à l'O. d'Oloron et du pic d'Anie, c'est-à-dire que dès lors il se trouva resserré, comme aujourd'hui, dans son étroit domaine au bord du golfe de Gascogne. Les premiers documents écrits du Moyen Âge montrent, en effet, qu'on ne parlait plus l'escuara ni dans le val d'Andorre, ni dans les confédérations républicaines des Pyrénées centrales, ni sur les bords des gaves d'Aspe et d'Oloron. La limite de séparation entre les dialectes passait exactement aux endroits où elle passe de nos jours. Aux frontières mêmes du Pays basque, le peuple de Bayonne et même de Biarritz ne comprend point l'ancien idiome depuis douze siècles au moins ; la ligne de séparation qui se développait entre Biarritz et Bidart ne s'est point déplacée. De l'autre côté des Pyrénées, l'espagnol aurait, dit-on, refoulé très rapidement le basque, et la frontière des langues, qui se reploie aujourd'hui au N. de Pampelune, se serait trouvée, il y a quarante ans, au S. de Tafalla et d'Olite ; l'escuara navarrais aurait reculé de 50 kilomètres pendant les quarante dernières années. Mais ces affirmations reposent sans doute sur quelque malentendu. En Espagne, le mouvement du commerce, des voyages et de l'émigration est beaucoup moins important qu'en France ; les mœurs antiques et les institutions provinciales y ont été moins ébranlées : il est donc prudent d'attendre des preuves positives avant d'admettre, sur la foi de quelques auteurs, la réalité de ce prodigieux recul de la langue basque depuis le commencement du siècle.

Ce n'est pas de vive force que le français et l'espagnol se substituent au basque ; ils conquièrent le pays, mais non pas en annexant successivement à leur domaine les villages les plus rapprochés de leurs frontières. Autour de l'escuara. comme autour de tous les patois parlés en France, la limite idéale reste la même, et pourtant la langue n'en périt pas moins. Modifiée par un phénomène constant d'intussusception, elle se mélange avec des mots d'origine étrangère contraires à son génie, elle oublie ses tournures élégantes, perd son originalité et se transforme graduellement en jargon. Chaque grande route, chaque voie ferrée qui pénètre dans le territoire basque fait une trouée dans la langue elle-même. Lorsque les provinces euscariennes des deux versants seront complètement percées dans tous les sens par des voies de communication, lorsque l'instruction, et par suite la compréhension du français ou du castillan sera générale dans les villages du Pays basque, nul doute que l'ancienne langue des Ibères ne soit abandonnée comme inutile. Dans cinquante ans, elle ne sera peut-être plus qu'un souvenir, et rien ne permettra de distinguer le Basque de ses voisins.

L'émigration contribue également pour sa part à fondre les antiques Euscariens avec les autres races. Le nombre des Basques français qui s'embarquent tous les ans pour Montevideo, Buenos Ayres et d'autres villes de l'Amérique méridionale, s'élève à 2 000 environ, c'est-à-dire à un soixante-dixième de la population totale, et, parmi ceux qui s'expatrient volontairement, on compte les hommes les plus intelligents et les plus hardis. Une foule de jeunes gens émigrent pour échapper au recrutement, de sorte que le nombre des insoumis du département des Basses-Pyrénées est égal aux deux cinquièmes, et quelquefois à la moitié des insoumis de toute la France. Un grand nombre de Basques aussi vont chercher du travail dans les grandes villes, telles que Toulouse, Bordeaux, Bilbao, et, par les croisements, les mariages, le changement d'habitudes, l'oubli de leur langue, cessent bientôt d'appartenir à la nationalité des Ibères. Malgré les affirmations des patriotes basques, il est certain que les hardis émigrants, établis aujourd'hui au nombre de 50 000 ou 60 000 sur les bords du Rio de la Plata, ne réussiront pas à fonder une nouvelle patrie au-delà des mers. On peut donc facilement prédire la disparition prochaine de ce peuple, qui fut autrefois le plus puissant de l'Europe occidentale. Ce monde ibérien, duquel, selon l'expression de Guillaume de Humboldt, on ne connaît que la décadence, va périr de nos jours. Avant qu'il disparaisse complètement, il est à désirer que la science puisse au moins en reconstruire l'histoire !

<u>79</u> *Le Droit de famille aux Pyrénées* .

<u>80</u> Voir le grand ouvrage de M. Francisque-Michel sur le Pays basque. Plus de la moitié de son livre est consacrée aux jeux et à la littérature des Euscariens.

VI

Occupée d'abord par les Ibères, puis envahie çà et là par les Celtes, la chaîne des Pyrénées a, depuis l'invasion des barbares, servi de refuge aux persécutés de plusieurs nations. Ce furent d'abord les *Cagots* (chiens de Goths ?) ou *Agotac* du Pays basque, que les savants, et notamment M. Francisque-Michel et M. Eugène Cordier, considèrent comme les descendants des anciens conquérants wisigoths. Voués à l'infamie après leur défaite, ces hommes, que l'on reconnaît ordinairement à leur teint blanc et coloré, à leurs cheveux châtains, à leurs sourcils blonds, à leurs yeux d'un bleu gris, à leur front toujours un peu convexe, et parfois au lobe de l'oreille enflé et arrondi (?), étaient universellement méprisés, et leur vie était des plus lamentables. Généralement voués à des professions mécaniques, ils étaient surtout charpentiers, scieurs de long, couvreurs. Ils ne pouvaient porter d'armes. Dans le Béarn, le témoignage de cinq Cagots comptait seulement pour celui d'une personne libre. En plusieurs endroits, on confondait avec eux les crétins et les goitreux, si nombreux dans les Pyrénées, et l'on reprochait à ces infirmes leur malheur comme une suite de la malédiction divine. Après les croisades, lorsque la lèpre se répandit dans le midi de la France, les quartiers habités par les Cagots furent transformés en léproseries. Jusqu'en l'année 1789, voici quelle était dans le pays de Soule la loi appliquée aux Cagots :

« Tu bâtiras ta demeure dans les sites écartés et déserts, loin de nos habitations et de nos villes ; l'on t'assignera la porte par laquelle tu dois entrer à l'église, le bénitier où tu trouveras l'eau bénite, et les galeries où il te sera permis de prendre place, semblable à la brebis infectée que l'on sépare du troupeau.

« Tu vivras avec les crétins et les lépreux ; tu feras coudre sur tes habits et sur ton épaule un morceau d'étoffe rouge qui te fasse reconnaître de loin. Ne te présente jamais dans les halles et marchés ; ne touche point aux provisions en vente : tu serais puni de mort.

« Évite de marcher nu-pieds, sous peine d'avoir le talon percé d'un fer brûlant ; si quelque Basque s'approchait de toi par mégarde, tu l'avertiras en criant, et tu fuiras loin de sa présence. »

Depuis la Révolution, les groupes de population exclusivement composés de Cagots ne sont plus nombreux dans les Pyrénées : il n'en reste guère que le souvenir et l'injure. Cependant le petit village de Chibitoua, près de Saint-Jean-Pied-de-Port, celui le Mailhoc, près de Saint-Savin, celui de Terrenère, dans le val d'Azun, et des hameaux d'Ossun, de Montgaillard, de Campan, sont encore habités exclusivement par des Cagots.

Les Bohémiens, Zingares ou Gézitains (É gyptiens), ces tribus vagabondes qui, depuis leur fuite des bords du Scinde, parcourent l'Europe en réprouvés, sont rarement vus en France, si ce n'est dans les forêts des Pyrénées et dans les huttes délabrées des villages du Pays basque et du Roussillon. Pauvres peuplades, maudites à cause de leur couleur, pourchassées à cause de leurs vols vrais ou supposés, souvent traquées par les chasseurs comme des bêtes fauves, elles avaient choisi pour demeures les régions les plus sauvages, les plus inconnues et aussi les plus rapprochées de la frontière, afin de pouvoir changer de patrie à la moindre alerte et s'enfuir des forêts du versant français aux forêts du versant espagnol. En 1605, de La Force, gouverneur du Béarn, leur défendit d'entrer dans le pays de Navarre sous peine du fouet, « ordonnant aux habitants de leur refuser le logement et la nourriture et de leur courir sus.   » Par un décret du 22 novembre 1802, Napoléon fit entourer des centaines de ces malheureux qui furent condamnés en masse, par mesure de salut public, à l'exil dans les colonies d'outre-mer. Durant le Second Empire, les autorités locales ont également profité de la loi de sûreté générale pour condamner à la transportation la plupart des Bohémiens convaincus de larcin ou de vagabondage. Aussi ne voit-on les Bohémiens en nombre considérable qu'aux deux extrémités de la chaîne, là où la crête est peu élevée et facile à franchir dans toutes les saisons. Dans les Pyrénées centrales, les cols ne peuvent être traversés que pendant quelques mois de l'année, et souvent il fallait plier bagage eu un seul jour, et, sous peine d'extermination, disparaître comme une volée d'oiseaux.

C'est pour une raison semblable que les juifs n'habitaient en quantité assez nombreuse que les deux extrémités de la chaîne. Eux aussi étaient en butte à toutes les persécutions, parce qu'ils étaient riches et hérétiques. Après avoir été expulsés de l'Espagne au XVe et au XVIe s., ils s'établirent dans les villes du midi de la France situées près de la frontière, principalement à Bayonne et à Perpignan ; mais là également ils avaient tout à redouter de la part de l'Église et du pouvoir temporel. Ils ne trouvèrent le repos que vers le milieu du XVIIIe s. Henri IV, par un édit de 1602, leur avait défendu de passer la nuit à Bayonne. La ville de Saint-Esprit, sur la rive droite de l'Adour, était leur ghetto.

Dans les Pyrénées de la Catalogne, ont en outre existé des Alains, ainsi que le nom de Catalogne (*Goth-Alanie*) l'indique ; ailleurs les ruines, les traditions et l'histoire authentique parlent du séjour des Maures, mais depuis longtemps ces populations ont cessé d'être distinctes et se sont fondues dans la masse du peuple. Le rôle ethnologique des Pyrénées a changé. Autrefois les montagnes servaient de refuge aux faibles et aux vaincus ; aujourd'hui elles séparent deux patries de leur haute muraille, et le partage entre les nations, aussi bien que le partage entre les eaux, s'opère des deux côtés de leur crête. La principale différence qu'on observe actuellement au N. de la chaîne entre les diverses populations, toutes également françaises, est marquée par les limites des patois. À l'E. de la zone linguistique des Basques, règne le béarnais, dont les divers dialectes, plus ou moins corrompus, vont se fondre sur les plateaux du Gers avec le gascon. Ce patois a pour domaine toute la région qui s'étend à l'O. de la Garonne. Sur l'autre rive de ce fleuve, commence la zone du languedocien, qui s'arrête aux Corbières. Au-delà de ces montagnes, le catalan domine, et il est seul parlé dans les vallées qui ont fait partie du Roussillon.

Un fait des plus graves est la dépopulation continuelle des régions montagneuses des Pyrénées. Les pâtres et les pauvres cultivateurs quittent leurs âpres pâturages et leurs champs si péniblement mis en culture sur le flanc des rochers, et descendent dans les villes de la plaine où les appellent le désir de faire fortune et sans doute aussi un vague désir de voir et d'apprendre. De 1856 à 1866, les cinq départements pyrénéens ont, il est vrai, accru leur population de 11 522 habitants. Cette augmentation est déjà bien peu considérable ; mais Toulouse, Pau, Bayonne, Tarbes, Bagnères, Foix, Pamiers et Perpignan et les autres villes de plus de 5 000 âmes ayant à elles seules gagné une population de 49 714 individus, il en résulte que les petites villes et les simples communes rurales des plateaux et des montagnes ont perdu 38 192 habitants, soit la 42 ᵉ partie de la population.

Dans le Capsir, dans la vallée d'Aure, on montre encore l'emplacement d'anciennes bourgades dont il ne reste plus de vestiges ; en plusieurs endroits, les villages, habités en été, sont laissés en hiver à la garde de quelques femmes, des vieillards et des impotents, et, pendant la saison des neiges, la population valide va chercher ailleurs une occupation temporaire. Au pied de la chaîne, le département des Pyrénées-Orientales est le seul dont la population normale n'ait pas cessé de s'accroître, même depuis 1870. La cause en est sans doute dans l'excellent débit des vins, dont le commerce a pris de si grandes proportions pendant les vingt dernières années. En outre, l'agriculture a fait d'énormes progrès dans ce pays par suite du creusement de canaux d'irrigation et de puits artésiens, et des travaux de dessèchement entrepris sur les étangs et les terrains marécageux du littoral maritime.

Il est à remarquer que l'influence des Espagnols, comme race, se fait beaucoup plus ressentir, au N. des Pyrénées, que celle des Français au S. de la même chaîne ; en d'autres termes, les mœurs, les habitudes, le langage espagnol sont plus répandus sur le versant septentrional que les mœurs et le langage français sur le versant méridional ; au N. de la chaîne, plusieurs villages offrent l'aspect des bourgades de la Navarre, de la Catalogne ou de l'Aragon, tandis que, sur le versant opposé, rien ne rappelle la France, et les villes offrent un contraste absolu avec celles d'outre-frontière. C'est probablement dans la nature montueuse du sol de l'Espagne, dans le contraste de ses plateaux avec les plaines basses de la France méridionale, qu'il faut chercher la cause de ce fait. Tous les Espagnols sont montagnards, et franchissent plus facilement la haute chaîne des Pyrénées que leurs voisins du N., ils ont aussi le caractère plus héroïque et plus aventurier : presque tous les contrebandiers sont Espagnols.

La pression ethnologique de l'Espagne sur la France explique assez bien pourquoi, dans la division politique faite entre les deux États, l'Espagne a été généralement favorisée : si la frontière suivait la ligne de partage des eaux, la vallée de la Bidassoa serait française ; de même le pays d'Aran devrait appartenir à la France, puisque la Garonne y prend sa source ; mais ce val communique aussi facilement avec l'Espagne par ses divers cols qu'avec la France par le Pont-du-Roi, et la population qui l'habite est beaucoup plus espagnole que française : on comprend donc que les traités l'aient adjugé à l'Espagne. Cependant une partie des Pyrénées-Orientales, connue sous le nom de Cerdagne française, a été séparée de la Catalogne, bien qu'elle fasse partie du bassin de la Sègre, et que sa population soit purement catalane. La délimitation des frontières n'a été faite ni d'après les lois de l'ethnologie, ni d'après celles de l'hydrographie : il aurait fallu suivre la ligne de divorce des eaux, ou, mieux encore, la ligne de séparation entre les populations d'origines diverses.

Quoi qu'il en soit, et malgré les bizarreries des divisions politiques, cette haute frontière des Pyrénées est l'une des plus parfaites que l'on connaisse ; et l'absence de routes carrossables met, pendant la plus grande partie de l'année, les deux pays limitrophes à plusieurs centaines de lieues l'un de l'autre. En effet, le chemin de fer de Bayonne à Madrid ne traverse pas les Pyrénées françaises ; celui de Perpignan à Barcelone est encore en projet ; celui qui doit passer sous le col de Salau n'est pas encore tracé d'une manière définitive ; maintenant trois grandes routes seulement franchissent la chaîne : celles d'Irun, d'Elizondo, de Bellegarde ; mais sur ces points, la chaîne est tellement abaissée qu'elle n'est plus connue sous le nom de Pyrénées. La route du col de Puymorens est ébauchée ; celle de la vallée d'Aspe n'est encore finie que du côté de la France ; la route du col de Moudang est à peine commencée ; partout ailleurs on ne trouve que des sentiers de mulets praticables pendant quelques mois. Comment a-t-on pu répéter si souvent depuis deux siècles qu'il n'y a plus de Pyrénées, lorsque pas une seule route ne traverse la chaîne proprement dite ?

Quant aux chaînons transversaux qui se détachent de la crête principale et s'abaissent au N. vers les vallées de la Garonne, du Lhers et de l'Aude, ils sont franchis sur un grand nombre de points par des routes carrossables. Quelques-uns de ces chemins, ouverts à grands frais, passent à des altitudes de 1 200, de 1 500, de 1 800 et même, comme celui du Tourmalet, à 2 122 mètres, c'est-à-dire plus haut que le col du Mont-Cenis (2 098 mètres), dans les Alpes de Savoie. En outre, chacune des vallées qui s'ouvrent dans l'épaisseur de la chaîne, celles de la Nive, du gave d'Aspe, du gave d'Ossau, du gave de Pau, de la Neste, du Salat, de Vicdessos, de la haute Ariège, de la Têt et du Tech sont parcourues par de larges routes jusque dans le voisinage des cirques où se réunissent au printemps les premières eaux de la neige.

À leur tour, les chemins de fer pénètrent dans les vallées pyrénéennes et franchissent les arêtes de montagnes soit par des tunnels, soit par de longues rampes se développant en lacets. Il ne se passe pas d'année sans qu'une nouvelle voie ferrée s'ajoute au réseau et porte la vie commerciale sur quelque point jadis écarté du grand mouvement de la civilisation. C'est en 1841 que s'ouvrit la première ligne au S. de la Garonne, le petit chemin de Bordeaux à la Teste. Le dernier chemin de fer livré à la circulation est celui de Montrejeau à Bagnères-de-Luchon (1873) ; plusieurs lignes importantes se construisent, entre autres celles de Toulouse à Auch et de Port-Sainte-Marie à Condom. Actuellement (juin 1874), le réseau exploité des chemins de fer du Midi comprend 1 933 kilomètres, qui ont donné, en 1873, une recette totale de 53 millions de francs, En outre, la Compagnie du Midi possède le canal latéral à la Garonne et le célèbre canal construit par Riquet entre le bassin de la Garonne et la Méditerranée Ces deux voies d'eau, qui ont servi en 1859 au transport de 703 000 tonnes, n'ont plus eu en 1873 qu'un mouvement de 667 000 tonnes. Sans nul doute, cette diminution provient de ce que le chemin de fer et les canaux se trouvent entre les mains de la même compagnie, intéressée à maintenir les hauts tarifs et à rejeter le trafic sur les voies ferrées. Aussi le commerce s'accroît-il avec une grande lenteur relative entre Bordeaux, Toulouse et Cette [Sète], et cependant la grande plaine dont ces villes sont les entrepôts est une des principales voies des nations : c'est l'isthme que baignent d'un côté les eaux de l'Océan, de l'autre celles de la Méditerranée, et où devraient s'opérer tous les échanges entre les deux mers.

Élisée Reclus.